バルセロナのパン屋にできた

リーン現場改革

The Lean Bakery

ファン・アントニオ・テナ　エミ・カストロ　著
成沢俊子　訳

日刊工業新聞社

推薦の言葉

食べものは新鮮であるべきだ。それなのに、私たちは食べものを大きなバッチでまとめてつくっている。車の部品を小さなバッチで、1個流しの速い流れでつくれるのなら、私たちにとって最も大切な消費財――「食べもの」で、どうしてやれないことがあろうか。ここに紹介するバルセロナのベーカリー／カフェ・チェーンの心躍る物語をぜひ読んでいただきたい。そして、ご自身の実験に取り組んでいただければと思う。

ジョン・シュック
リーン・エンタープライズ・インスティチュート会長

序　文

1年ほど前のこと、バルセロナの「365カフェ・チェーン」のオーナー経営者であるファン・アントニオ・テナが電話をかけてきて、365カフェが目下取り組んでいる最新の「実験」の話をしてくれました。それぞれの店舗（カフェ）で売るパンの全量を、各店舗で焼く実験をやっているというのです。詳しくはわかりませんでしたが、テナはパン生地づくりから店舗でやろうとしている様子。僕はわが耳を疑って、「それは深く考えてのことですか？」とテナに聞きました。というのも、365カフェはチェーン全体で毎日12,000～19,000個のパンを売っているのですが、これまでのところそのすべてをたった1カ所のパン工場で、しかも、わずか3人でつくることができているからです。もし、各店舗でパンを生地からつくって焼いたら、大変なコスト増になります。なぜ、そんなことをやろうとするのでしょうか?!

怪訝そうな僕の問いに、テナはとても愉快そうに答えました。「バゲット1個をつくるのに必要な小麦粉と水、酵母の量が同じで、エネルギーも同じだとしたら、考えるべきことはただ1つ、自分たちの『つくり方』の効率を上げるだけ。違うかい？　やってみたら、ちょっと手間はかかるけど、これが実に面白いんだ。それに、バッチを小さくしてお客様に近づいていくのが大切だってずっと言い続けてきたのは、オリオール、君じゃないか！」

いや、申し訳ない。僕が教わってきたのはまさにそれ。もちろん、テナは非常に正しいことを言っているのです。どうやったら実現できるかはわからなくても、これは眼前の具体的挑戦であり、そして、その挑戦に終わりはないのです。

実際、テナはこれまで、「リーン」の実践を通して重要なことを大いに学び、この5年で僕の先生の1人になったのです。昔、僕の周りには「リーン」について教えてくれる先生はあまりいなくて、僕は父ルイスからリーンを初めて教わりました。

父は“Volver a Empezar（リーン・マネジメント―根底からやり直そう）”という本の作者で、後にその本が365カフェに最初にリーンを持ち込むことになりました。

今でも鮮明に思い出せますが、365カフェの店舗に初めて「リーン・プロセス改善」を持ち込んだ頃、テナの奥さんでビジネス・パートナーでもあるエミ・カストロは、「店舗のスタッフたちに販売の喜びを失わせたくない」とずっと言っていました。どうしたらスタッフ同士が助け合って働き、お客様により良いサービスを提供できるのか、エミは自ら何度も何度もやってみせ、うまくやれるかを確かめながらみんなの理解と賛同を獲得していきました。エミの熱意と確信は、最大の抵抗に直面したときでさえ、少しも揺らぎませんでした（これを実際に行動で示すのは、言葉で言うほど簡単ではありません）。エミたちは日本由来の特殊な「リーンの言葉」をバッド・ワードと呼び、できるだけ使わないようにしてきました。しかし、今だから言えますが、エミは最初の頃、そのような特殊な用語を使ってスタッフに説明してほしい、と僕に言ってきたこともあったのです。

やがて彼女は、「日本の奇妙な用語はもうたくさん。これからは使わないわ。ものごとが複雑になってしまうのは、自らそうしているからよ」と言うようになりました。当初、リーンという、それまでとは違う考え方や行動の仕方に対してスタッフたちがどれほど戸惑っていたか。そして、どうしたらみんなの理解を助けることができるか。それがだんだんとわかってくるに連れ、エミは立派なスペシャリストになっていきました。このような面で、エミは僕に実にたくさんのことを教えてくれました。読者のみなさんも、エミのアドバイスに注意深く耳を傾け、従うことで、より良い道を歩めるはずです。

僕はこの本の物語の登場人物ではなく、たまたま幸運に恵まれた観察者に過ぎません。時に助言者でもありましたが、365カフェの「リーンの実験」はいずれも常識の逆を行くように見えて実は本質を突いたものであり、ぜひやるべきだし、ずっと続けていくべきと励まし続けただけとも言えるでしょう。

ここで、物語の登場人物を紹介します。まず、アランチャ。知性と根気に富んだエンジニアで、365カフェに最初にリーンを根づかせるのに、大いに貢献した人物です（よく「根づかせるには何年もかかる」と言われますよね？）。それから、エヴァとコンチ。非常に優秀な店舗のスーパーバイザーです。彼女たちは自ら取り組み、僕たちと一緒に行った「実験」をわかりやすく翻案して、カフェの店舗とそこで実際に働く人々にぴったりくるような、真に役立つPDCAをつくり上げてくれました（デミング博士も誇りに思うでしょう！）。弛まず、決してあきらめない現場マネージャーのアーガスは、僕たちが埋めるべきどんなギャップでも見つけることができる問題発見の達人です。最後にウナイ。生産部門のマネージャーにしてエンジニアでもある彼は、「365マシン」がトラブルで停止することがないよう、そして、より良くなるよう、「365マシン」の保全と改善に粘り強く取り組んできました。

365カフェのような組織の研究は簡単ではないし、本に書くのも難しいものです。ファン・アントニオとエミの原稿を最初に読んだとき、僕は、彼らの変化の過程が、ものごとをシンプルに考え、扱うという、彼ら独自のやり方で描かれていると感じました。もっと複雑な、あるいは、テナたちとは違う環境にある読者のみなさんは、本書のストーリーに対して違和感を持つかもしれないと思ったくらいです。

しかし、365カフェのみんなと一緒に僕が経験してきたことを振り返ると、彼らの物語においては、「シンプル」こそ唯一の道だったのだとすぐに思い直しました。複雑で難しいというそれまでの思い込みを取り払い、自らの仕事のやり方と現状をよく見て、「365カフェはいかにあるべきか？」というしっかりしたビジョンを打ち立てることができたのは、彼らが「シンプル」を貫いたからです。リーンは、要らないものを捨ててものごとをシンプルにし、本当に必要なものだけを取り出して、さらに良くするために弛まず励み続けなさいと教えます。読者のみなさんは、本書の中にそのことを見出すはずです。もちろん、それを実際にやるのは簡単ではありません。

それでも僕は、「365スピリット」がみなさんにひらめきを与えてくれるよう願っています。みなさんの期待を裏切ることはありません。ぜひ本書を読み、楽しんでください。そして、バルセロナを訪れる機会があったら、ぜひ365カフェのパンや製品を味わってください。

物語を読む楽しみとともに、"*bon profit!*"（「どうぞ召し上がれ」）

オリオール・クアトレカサス
リーン・マネジメント研究所代表
スペイン　バルセロナ

はじめに

スペインには、こんな諺があります。

—硬いパンには最も鋭い歯を使え— (A pan duro, diente agulo)

ざっくり訳すと、「正しい道具を使って困難に立ち向かいなさい」という意味です。

ビジネスは公園の散歩のようにはいきません。困りごと、責任、日々の問題、長時間労働。医療や製造業、小売り、ソフト開発などどんな事業であれ、たいていは否応なく毎日困難に出会うはずです。

「硬いパン」の諺から想像できるかもしれませんが、私はパン屋で、バルセロナの家族経営ベーカリー・チェーンである「365カフェ」のオーナー経営者です。2000年に創業し、今日までに約400人が働く成長企業に育ててきました。店舗は約100店[1]、毎日何千ものパンやペストリー、ケーキ、サンドウィッチを売っています。これは一例で、他にもいろいろな商品を扱います。そして、店で販売するパンとペストリーのほとんどを、私たちは、バルセロナ中央部の西にあるたった1カ所のパン工場（オブラドール）でつくっています。この2年で24を超える新規店舗をオープンしました。今、かつてないスピードで成長している最中にあると改めて感じています。

当然ですが、ずっと順風満帆でやってきたのではなく、むしろ挑戦の連続でした。先の諺に沿って言うなら、妻のエミと一緒に創業した頃、自分たちの歯は十分に鋭いと思っていましたが、それは大間違いだったということです。

最初の数年間、私たちはものすごく頑張って働きましたが、頑張って働

1　本書出版時点の店舗数

くだけではまるで足りませんでした。私たちに必要だったのは、自分たちの仕事のやり方をコントロールし、後工程が何を求めているかをわかるようにする「システム」でした。そして、そのシステムこそ「リーン・シンキング」に違いないと気づいたのです。リーン・シンキングはこの10年、いつも私たちの仕事のやり方の中心にあって、すばらしい成果をもたらしてくれました。カルチャーをすっかり様変わりさせ、仕事のやり方を大きく変え、今も成長の糧であり続けています。さらに、毎日新たな扉を開き、道を照らし、私たちが日々少しずつ、より良くなるよう導いてくれています。

スペインのリーン・マネジメント研究所とアメリカのリーン・エンタープライズ・インスティチュートから本を書くように勧められたとき、私はかなり戸惑いました。何しろ、産業のあらゆる領域にわたってリーン・シンキングの優れた事例はすでにたくさんありました。それに、365カフェではずいぶん長い間、自分たちが見つけた「問題」にばかり意識を集中させてきたので、「良いこと」については忘れがちでした。時折、外部の人がやってきて、私たちが小さな小屋で最初のパン工房を始めた頃に比べてどのくらい遠くまで来たかを気づかせてくれますが、それを聞いて「ああ、そうだった」と思い出すような調子です。

私たちがやっていることの中でみなさんの興味を引くかもしれないと思うのは、最も基本的な食べ物であるパンをつくるという、ありふれた仕事にリーンを活かしていることかもしれません。あるいは、1カ所のパン工場だけで、毎日数十店舗にほとんどのパンを供給できる超高効率な現場をつくり上げてきたことでしょうか。さらには、近年の急成長を挙げることができるかもしれません。確かに、私たちは過去5年で店舗数をほぼ倍増させました。

こうして、何について書くべきかを考えるうちに、私は徐々に、自分たちの物語をリーン・コミュニティのみなさんに伝えるのにぴったりくる成果がたくさんあることに気づきました。しかし、私は、自分たちが経験から学んだ最も価値あるものは、「実験の力」を深く信じることだと考えています。私たちは何年もの間、さまざまなことを実際にやってみました。失敗もありましたが、それらの試行錯誤があったからこそ、私たちの今があるのです。

「リーンは旅」とよく言われます。私は、これこそが核心と思うのです。つまり、実験の旅であり、弛まぬ発見の旅であり、それまでとは違う、新しい、より良いやり方でものごとをやっていこうと続ける旅。私たちのアプローチは現実に即したもので、日本語由来の特別な用語は使わず、書物に書かれている手法もほとんど使いません。私たちは生の現実と本質から学んできました。そして、変化し続けるニーズと環境に合わせて、手法に工夫を重ねてきたのです。

私の言う本質とはムダを価値に転換することで、それは、お客様に焦点を合わせ、社員を尊重することによってのみ実現できるものです。これは私たちの経営の基盤であり、問題を1つ解決するたびに、改善を1つ行うたびに、毎回得られる学びをもって私たちはこの基盤への確信を深めてきました。

読者のみなさんが、ご自身の「リーンの旅」のために、本書から何かヒントになることや役に立ちそうなものを得られたら幸いです。

2017年

ファン・アントニオ・テナ
スペイン　バルセロナ

バルセロナのパン屋にできた
リーン現場改革

目　次

第1章

何が問題だったのか？

2012年のある夜、私たちは予期せぬ来訪者を迎えました。パン工場が突然警察に包囲され、「地下室への秘密の入り口を見せろ」と迫られたのです。警察は私たちが不法移民を働かせていると信じ込んでいました。そんなことは一切ないと私は言ったのですが、彼らは立ち入って調べると言い張ります。警官たちはすべての設備を移動させて、何時間もかけて地下室を見つけようと捜索しました。もちろん、そんなものは存在しません。警官たちは自分たちの間違いを謝りもせず、帰って行きました。

数週間経ってわかったのは、警察は密告に基づいて捜索に来たということでした。ライバルのカフェ・チェーンの人たちは、ウチのような小さなパン工場であんなにたくさん、しかも質の高いパンをつくれるなんて信じられなかったのかもしれません。不法移民を密かに雇って、地下室で日に20時間も働かせているに違いないと疑ったのでしょう。しかし、私たちが持っていたのは、不法移民の秘密工場ではなく、要するに、「自分たちの仕事のやり方をしっかり整えてくれる、とても優れた1つのシステム」でした。そのシステムは「リーン・シンキング」と呼ばれるものです。

ある意味で、私たちが何か狡いことをやっていると、ライバルたちが勘ぐるのも無理はないと思います。私たちが今までにやってきた変革は非常に大きく、たった650㎡のパン工場で、83軒のカフェが毎日売るほぼすべてのパンとペストリーを焼くことができているなんて、ときどき自分でも信じられない気がします。特に、始めた頃に比べてどのくらい変わったか、どれだけの困難があったかを考えると、ここまでやれるようになったのは到底普通のことではないと思うのです。

私たちの大変革は、わが社を訪れる人々に強い印象を与えるらしいのですが、それと同じくらいよく言われるのが、ここではリーンが「リアルだ」ということです。私たちは新たな変化に対応すべく常に挑戦を続け、改善と進化に終わりはないと考え、行動していますが、それを「リアル」

と感じてくれたということでしょう。変化へ向かう私たちのやり方は、実験してみてそこから学ぶに尽きるのですが、長い目で全体を俯瞰するなら、そうしたやり方を導く「リーン・シンキング」が正しい選択だったとわかってもらえると思います。

しかし、会社を大きく変えるために私たちがやってきたことに深く立ち入る前に、365カフェの歩みをざっと振り返り、私たちが「リーン・シンキング」に出会い、ついには自らのプロセスと仕事のやり方にそれを活かすようになる以前に、いったい何が問題だったのかを短く説明しましょう。

365カフェができるまで

私は人生のほとんどを、人々にサービスを提供する仕事に就いて過ごしてきました。私が12歳のとき、バルセロナで家族が「バー・エスパーニャ」という名前のカフェを始めました。私は両親を手伝い、キッチンで母と働いたり、ホールでウェイターをしたりしたものです。お客様に直に接するのは楽しかったのですが、一番好きだったのは、表からは見えないカフェの心臓部、キッチンで働くことでした。

食べ物をつくるプロセスは私をワクワクさせました。お客様が来店し、自分がつくった料理を食べてハッピーな気持ちで帰っていく。私にはそれがとても魅力的でした。両親の仕事ぶりはたいそう真面目で、きっちりしており、いつもお客様のニーズを第一にしていました。たとえば、最初の数カ月、近所の道路舗装工事の人々から深夜に「何か食べるものをお願いしたい」という電話がよくかかってきました。私たちはリクエストに応えて階下へ降り、店を開けて料理を始めます。朝の3時にたくさんのお客様がいっぺんにやってきて、それはもう大変でした。

成功したいという両親の切なる願いは、おそらく、それまでずっと苦労してきたことから来ていたのでしょう。私がまだ1歳半のとき、家族でエストレマドゥーラ州からカタルーニャへ、より良い暮らしを求めて移って来ました。1936年から1939年の内戦の後、普通のスペイン人の生活は非常に苦しくなりましたが、バルセロナとその周辺地域は、工業基盤と海運アクセスのおかげで他の地域に比べて豊かさが残っていたのです。

大企業グループの存在が都市の成長を後押ししていました。SEATは当時のバルセロナで最大の雇用主の1つで、いわば羨望の的。自動車メーカーで職を得ることは、安定した収入と地位を手に入れることだと見なされていました。両親も私にそれを望みます。当時、カタルーニャの親なら誰でも子供に同じ期待を抱いたでしょう。両親の望み通り、兵役から戻った私はSEATで職を得ました。

SEATでは、初めは見習い工として、後には小さな金属部品をつくる生産ラインのワーカーとして、トータルで6年働きました。仕事や職場に不満を感じたことはありませんでしたが、おそらく父親譲りなのでしょう、私は大変な働き者で、9～17時の安定した仕事に対して、次第にどこか飽き足らない気持ちを持つようになっていました。

私が本当にやりたかったのは、ファミリー・ビジネスへ戻って働くことでした。あるいは、自分で事業を始めてもいい。折しもSEATは人余りを認めるに至り、離職手当つきで退職者を募り始めました。言うなれば、私はお金を貰って会社を去ったというわけです。

その頃、私の家族はバー・エスパーニャの経営を続けていましたが、加えて、コーチ（大型タクシー）配車の会社を1社、それに、コーチの修理工場もいくつか経営していました（私たちは実に起業家精神にあふれたファミリーなのです）。続く6年間、私は家業のすべての分野でさまざまな仕事をし、その後、私たち家族はモザイクに新たなタイルを1つ加えると決めてベーカリーを始めました。パンは自分たちではつくらず、他の

家族経営の365カフェ：左から息子・アーガス、ファン・アントニオ、
娘・レオノーラ、妻・エミ

ベーカリーから仕入れて売ります。私たちのベーカリーのビジネスは、うまくいきそうでした。

しかし、私たちはあまりに多くの事業を同時並行で行っていた上に、銀行からの借り入れに依存し過ぎていたのだと思います。1992年の経済危機で投資資金の借り入れができなくなり、困ったことになりました。ゆるやかではありましたが、私たち家族の事業は確実に滞り始め、経済危機後の5年間は実に苦しい日々でした。

その頃、私たちはバルセロナに7つの店舗を持っていて、1995年になると私は負債とともに不振のベーカリー事業を引き継ぎました。懸命に働いたものの――と言っても、主に私が1人で頑張っただけですが、1997年には店を閉めるに至ります。

破産を経て、何もかも失った状態で過ごしたのは、トラウマのような経験でした。私たちの事業はそれまで長い間うまくいっていたにもかかわらず、倒産してしまった。その事実をなかなか受け止めることができません。「何が間違っていたのか？」「どうしてこうなってしまったのか？」という自問が私を苛み続けました。しかし、徐々に、過ちを責めてばかりではダメだという気持ちが湧いてきたのです。

当時は自分でも気づいていませんでしたが、今はわかります。私たちは成功したいという強い願いと決意を持っていましたし、当然のように昼夜を分かたず懸命に働きました。しかし、その一方で、経営のやり方への理解が必要だったにもかかわらず、それがすっぽり欠けていたのです。経理や調達や販売について、私たちは何も知らなかった。道案内をしてくれるようなプロセスも手法もありませんでした。別の言い方をするなら、私たちは経営に不可欠な確固とした基盤を持っていなかったということです。

幸いなことに、私は非常にきっぱりした人間です――時に石頭と言われるくらい。もっと重要なのは、私が、新たな挑戦や間違いを恐れないことでした。それゆえ、それまでの自分を全部捨てて、再起をめざすと決心できたのです。妻のエミと出逢って、2000年早々に新しいベーカリーを一緒に始めました。

パンづくりは私の大好きな仕事で、経験もありましたから、そこからやり直して再起したい、できるはずだと考えたのだと思います。こうして365カフェが誕生しました。15年後、バルセロナ全域で直営70店とフランチャイズ55店を構え、さらなる成長が見込める事業になるとは、当時は思ってもみませんでした。

突然のひらめき

控え目な家風のおかげで、365カフェはうまくいっていると思います。エミと私が2000年にゼロから店を始めたときは、中古の小さな小屋からの出発でした。前面に小さなスペースがあって、奥のパンづくりエリアまで、狭くて長い廊下でつながっていました。当時はその場所でパンを売ることすらやっていません。後に、ここで売らない手はないと気づいて販売もするようになったのですが、通りに面したその場所は販売向きだったのにもかかわらず、私たちは友人の小さな中古車でパンを出荷するために積み込む場所として使っていました。

お金がなくて、冷凍庫に合うコンプレッサーも買えません。週に500kgの小麦粉の支払いに苦労するのも再三でした。今は、日に約4,500kgの小麦粉を使っています。私たちが経験した成長を振り返ると、ちょっとクラクラするほどです。

小屋のベーカリーはとても狭かったため、私たちは毎晩、店頭の販売エリアの構えを分解してパンの保管場所として使っていました。毎日、車輪付きの2台のカウンターをそこに並べて、店の前に止めたトラックへ積み込むローディング・ドックとして使ったものです。その同じ場所でパンを焼き、ドアの近くで冷まし、包装し、出荷します。古ぼけた小屋でベーカリーをやっていた最後の3年間は、裏通りに面した隣接スペースを借りる余裕ができて、出荷作業をそちらへ移すと、出荷のワゴン車を店頭に止めておかなくてもよくなり、仕事が楽になりました。

始めた頃の私たちは、固い決意の他には何も持っていませんでした。私たちは成功したい、事業をうまくやっていきたいという自らの熱意に動かされていたのです。率直に言って、「食べていくため」です。これほどストレートな動機はないでしょう。

一身を投じて昼も夜も懸命に働きましたが、私の心の中には、以前に耐え忍んだ苦しい時代の記憶がなお鮮明に残っていました。365カフェが少しずつ発展するのに連れて、以前の家業のベーカリーが倒産したときに感じたのと同じような懸念が頭をもたげてきたのです。私は再び考え始めました。うまくいっているように見えるものが、かくも簡単に泥沼に陥ってしまうのはなぜか。心血を注いできたのなら、なおさらです。私は自ら考え、成長しなければなりませんでした。そして、ここではないどこかにまだ知らない解があるはずだ、探し出そうと自らを励まします。1992年の経済危機を機に耐えねばならなかった苦しみを、再び繰り返したくありませんでした。

2003年までに3店舗に増えて、私のアイデアで、そのうち1つの店でコーヒーも出すことにしました。人は気まぐれです。「ベーカリーはベーカリー、カフェはカフェでしょう？」と言いますよね。しかし実験は大成功で、他の2店舗もこのやり方を取り入れました。

しかし、事業をもっと伸ばしたいなら、もっと複雑なこともやっていかなければならないのは明らかです。私たちは朝から晩まで週に7日店を開けて働き、家族の時間と言えば日曜日の遅い時間に、午後4時までやっている中華レストランで一緒にランチをとるだけでした。

一方、私が懸命に働くのはこれが初めてではありません。認めるのは辛いことですが、懸命に働くだけでは好調を維持するのに十分ではなく、自然にうまくいくということも起きません。365カフェがこれからも成長していくためには、成長を支える基盤が必要であり、基盤を築くには適切な「仕組み」、すなわち「システム」が要ると私にはわかっていました。ものごとを運任せにしたくない私は、ビジネスとマネジメントに関するあらゆる本を手当たり次第に読み漁り始めます。読んだ本の中には、エリヤフ・ゴールドラットの本もありました。

スペインのリーン・マネジメント研究所の代表だったルイス・クアトレカサスが書いた“Lean Management：Volver a Empezar（リーン・マネジメント—根底からやり直そう）”を読んだのは2003年のことです。その本は、従来型のマネジメントの会社が「リーンな」マネジメントの会社へと変わっていく物語を生き生きと描き出していました。そこには、ある1つの「枠組み」が示されていて、自分たちの仕事のやり方に適切な秩序をもたらしたいと考えていた私は、もしかしたらこの本が言う「枠組み」に従えば、やれるかもしれない、そして自分の不安や懸念も和らぐかもしれないと感じたのです。

もちろん、“Volver a Empezar（根底からやり直そう）”に書かれているアイデアが私たちの問題をすべて解決してくれるとは思いませんでしたが、会社を成功に導くためには、汗と涙で頑張る以上の何かが必要であることはわかっていました。この本は私に、「頑張る以上の何か」こそリーン・シンキングだと教えてくれたのです。そうは言っても、本の中の物語は道筋を示してはくれるものの、やはり物語に過ぎません。具体的にどうしたらやれるのかは、依然としてわからぬままです。「やれる！」という強い確信は持てなかったのですが、この新しいやり方に挑戦してみたいという強い好奇心に押され、私は「リーン」をより深く研究するようになりました。

一方、365カフェは拡大を続け、それとともに私の不安も大きくなっていました。2004年に6店舗を構え、翌年には9店舗に増やす心づもりでした。ちょうどその頃、私たちは「obra faraónica（ファラオ・プロジェクト）」と名づけた、パン工房の拡大プランに取り組み始めたところだったのです。2階建てに増築し、貨物用エレベータを設置して、冷凍庫もいくつか買うつもりでした。私たちのような小さな会社にとって、これは巨額な投資です。

転機をもたらした買い物

増築工事を始める直前のことです。長い間、どこへも出かけることがなかった私たちですが、珍しく5日間の休暇をとってガリシア地方へ行くことにしました。出発する空港の書店で、少しは仕事を忘れるべくミステリー小説でも手に取ればよいところ、私が買ったのは「リーン・シンキング」という分厚いハードカバーの本でした。おわかりいただけると思いますが、職場を離れたからと言っても、仕事のことが頭から離れることはありません。

この本は、私が今までに買ったものの中で、最も重要な買い物となりました。心を躍らせて隅から隅まで読み、頭の中に明かりが灯ったような気がしました。特に気に入ったのは、本物の変化を成し遂げた実在企業の例がたくさん載っていることでした。“Volver a Empezar（根底からやり直そう）”から学んだものを補強してくれる本だと感じました。このとき、私はリーンの考え方が365カフェの基盤づくりにとって必要とすでに了解していましたが、今や頼もしいことに、その思考を具現化する方法を手に入れたのです。

休暇の間、考えざるを得ませんでした。生産部門拡張の巨額投資はかなり無謀だ。もしかしたら、まだ要らないのではないか。ウチのパン工房の生産性は大きく改善できるはずだし、まずはそれに取り組むべきだ。バルセロナへ戻るとすぐに私は拡張プロジェクトを取り止め、それまでとは違う、よりムダのないシステムをめざして実践を始めました。

そして、リーンは、非凡かつ急激な変化を実際にもたらしてくれました。今までに見たことのない大変革です。私たちは信じ難いスピードで成長してきましたが、それもリーンなしにはできなかったでしょう。リーンの考え方の応用を始めた2005年に店は9店舗でしたが、2017年には100店舗になりました。

私たちは完璧ではなく、今もギアが軋む音を立てることがしばしばありますが、それまでとはまったく違うものの見方をリーンがもたらしてくれているのは間違いありません。わからなければ、試してみよう。リーンの方法論は、答えを与えてはくれませんが、私たちがより良い答えに自らたどり着くのに必要な方法を教えてくれます。

何年もの経験を経て学んだことですが、会社が繁栄していくためには、自己犠牲を厭わず固い意志を持って懸命に働くことに加えて、そこで働く人々が成長し、生き生きと力を発揮できるようにするための「しっかりしたシステム」が欠かせません。まさにこれこそが、会社の実存をかけて私が思い悩んでいた問題の1つへの答えでした。

休むことができない私の性質は今も変わらず、より良くしていくための探求を止めることはありません。もちろんこれからもリーンを活かして、365カフェはよりフレキシブルで、よりすばやく、さらに適応力の高い組織になれるでしょう。しかし、私たちは目下、組織全体にわたって、パン工場から店頭まで、リーンの考え方を行き渡らせようとしています。私はさらに目を開いて、よく見ていく必要があります。今日うまくいっているものが、明日もうまくいく保証はありません。常に「もっと良いやり方はないか？」と追求を続けるのみです。

第2章

より良い仕事のやり方を求めて

この章では、365カフェでリーンの実験を始めた頃に何が起きたか、そして、どれほど速く、劇的に変わったかを説明しようと思います。その後で、現在の私たちのパン工場や仕事のやり方を詳細に説明しましょう。そうすることで、リーンの考え方を活かして私たちが得たものは何か、どうして急成長することができたのかを読者のみなさんが理解する助けになると思うからです。もしかしたら、みなさんは「365カフェはいろいろなことをたくさんやってきたかもしれないが、どれも単純で常識の範囲のことではないか？」と感じるかもしれません。私たち自身も、振り返るとしばしばそう感じますが、やっている当時は驚きの連続でした。

より良いやり方とは何か

リーンに出会った頃、パンの生産能力が大きな問題の1つでした。冷凍庫が小さ過ぎた上に、詰め込めるだけ詰め込んでいました。冷凍庫はたちまち満杯になります。全種類のパンを冷凍庫に保管するなんて、まさに悪夢。もしもあなたのパン工場で、冷凍庫に大量のクロワッサンやケーキが積まれていて、その中から目当てのパンを引き出してくるよりも、新たにつくり直した方が簡単だとしたら、誰だって問題だと思うでしょう。冷凍庫の中の大量のパンが、いつつくったものかを正確に知るすべがないとしたら……？　認めるのは辛いですが、実際、そんな具合でした。

よく売れるバゲットだけは例外で、毎日つくっていました。しかし、バゲット以外のパンは1週間分をまとめて日替わりでつくり、冷凍庫に保管していたのです。月曜日はクロワッサン。直近7日間に売れた量を満たす分だけまとめてつくり、冷凍します。火曜日はカニタスをつくり、水曜日はシュシュ……というような具合でした。それで足りないときは、出荷に間に合うように、その商品を都度焼いていました。

私たちはこのやり方が理に適っていると、ずっと思ってきました。現実には、まとめてつくっているせいで生産現場にやっかいな問題を引き起こし、大きな保管スペースが必要になっていたのですが、そんなことはまったく意識していませんでした。冷凍庫が満杯になると、同じバッチのパンでも別の冷凍庫に入れます。そして、どこに入れたかを忘れてしまう。

私たちには、準備すべきパンの数量が増えても減っても、自分たちがやるべき仕事の総量は変わらないという思い込みもありました。この状態では、店が増えれば増えるほど、運営が難しくなります。夫婦2人分の夕食をつくるなら1時間半くらいでできるでしょうが、大きな集まりのディナーを準備するには、同じ料理であったとしても午後一杯かかるのと同じことです。

大きなバッチのまとめづくりこそ、仕事のやり方を自らコントロール不能にしていたものの正体だったのです。しかし、個々の作業が今どうなっているのかを見えるようにしよう、という発想もまるでありませんでしたから、ものごとは一層ややこしくなっていました。何をつくったか、どこへ保管したか、誰にもわからないのです。パン職人たちは材料の欠品のせいで生産が遅れているとすぐに言い訳しますが、事実か否かも定かではありません。一方、店舗ではいつも何らかの商品が欠品していました。店舗で必要な分は工場で十分につくっているつもりなのに、仕掛品や在庫の山に紛れて、わからなくなっていたのです。

こういった問題への私たちの答えは、当然のように、「もっとつくろう」でした。私たちは、バッチを大きくすればするほど仕事の流れをもっとしっかりコントロールできると考えていました。しかし現実には、バッチを大きくすればするほど、引き起こされる問題も大きくなるだけだったのです。たとえば、50本分のパン生地に塩を入れ忘れたとしたら、それはそれで問題ですが、50本で済みます。しかし、500本だったらどうでしょう？　まるで違います。

パン工房の仕事の現状を理解することは不可能になっていました。「必要な量をつくれているか？」「間に合うようにつくれているか？」「現場ではどのような手順に従っているか？」「今、どんな問題が起きているか？」生産担当のアルバートに私がこんな質問をすると、彼の答えはいつも同じ。「すみません、ファン・アントニオ。今、話す時間がないんです。やるべきことがたくさんあって……」

実際、仕事が終わるのは毎日深夜で、生産チームのTo Doリストは長くなるばかり、在庫は膨らむ一方でした。残業代をたくさん払いながら、パン工房では生産能力の危機がますます大きな問題になっていました。これは非常に困った事態で、私の悩みは深まっていきます。

「なぜ、いつもこんなに忙しいのか？」「ほんのちょっとでも立ち止まって反省する時間を持ちたいのに、なぜそれができないのか？」「私たちはいつも強いストレスにさらされ、今は生産能力危機の渦中にあって、改善の道を探すために話し合うことさえできない。なぜそうなっているのか？」

私は、こんなふうに問題だらけの状態を改善する、ある1つの方法を「リーン・シンキング」という本の中に見出し、この本が説くアドバイスに従って実験をやってみることにしました。「仕事のやり方の生産性をもっと上げて、今困っている問題を解決し、スペースも生み出してみせる」。かなり固い決意でした。結果がどうなろうと、この実験は、2階建てに増築して生産能力を増やすという一見合理的に思える道へ踏み出す前に、やっておく価値があると考えたのです。

リーンを通して私が最初に学んだことの1つは、バッチ&キュー（まとめてつくって置いておく）は悪い考えであり、人は流れをつくるべく常に励まなければならないということでした。「リーン・シンキング」の著者であるウォマックとジョーンズによれば、それはこんなふうに定義されます。

「『価値の流れ（バリュー・ストリーム）』に沿って、ムダを徹底的に省

最初のパン工房の従業員と設備。能力全開で「もっとつくろう！」

いた上で、なすべきタスクを順番に並べなさい。そうすれば、製品設計から発売まで、注文からお届けまで、素材からお客様の手元まで、停滞も仕損廃棄も手戻りもなく、製品は滑らかに進んでいきます」

私の最初の実験は、単なる小麦粉から店舗のカウンターに載るまでのプロセスを、パンがもっとスイスイと通り抜けていくように、生産のやり方を変えようというもので、理に適っていると思いました。

最初のいくつかの実験

「リーンの実験」を初めてやろうとした日のことを、私は今もはっきり覚えています。パン工房へ入って行って、私は言いました。「新しいことに挑戦したいと思っています。みなさん、今日は、明日必要なすべての種類のパンをつくってほしい。明日必要な分だけをつくるのです」

生産現場を沈黙が覆いました。マンガだったら「し～ん」という擬音が入りそうです。みんな、「ファン・アントニオは頭がおかしくなったのではないか？」という顔で私を見つめていました。彼らは「同じ種類のパンを1週間分まとめて数千個つくるんじゃなくて、毎日何種類ものパンを数千個つくるなんて、どういうこと？　今でさえ現場はカオスなのに、必要もないのにそんな複雑なことをやったら、ますます混乱するばかりではないか……」と考えていたようです。

そのときは意識していませんでしたが、これが365カフェの歴史の転換点でした。嫌々ながら従う従業員もいたものの、およそ1カ月間、私たちは小さなバッチでのパンづくりに取り組みました。間もなく冷凍庫が空き始め、生産能力の問題も徐々に解消してきました。突然ものごとがシンプルになり、見通しが効くようになったのです。

そこで私は、これならもう一段進めて、2つ目の実験をやれるだろうと

最初に実験する前のパン工房の通路は製品で一杯

考えました。今度は、日当たりの所要量のパンをつくるのに必要な、正確な人数を知るための実験です。私は、残業を減らすか、うまくいけばゼロにする方法を見つけ出せると考えていました。

私はパン工房へ行き、みんなに「明日必要な分だけをつくって、それが終わったら、どうか家に帰ってください。もちろん、フルタイムの給料を払います。しかし、作業が終わったら、すぐに帰宅してほしい」と言いました。

従業員たちはまたも「信じられない」という表情です。戸惑っていたのは明らかで、心の内にはいくつもの疑問があったでしょうが、彼らは仕事に戻っていきました。そして約2時間後、全員が帰宅しました。設備は止まり、喧騒も去って、現場は静まり返っています。私たちは次の日もこの実験をやりました。昨日と同じく、明日必要な分だけつくったら、できるだけ早く従業員を帰宅させます。それから2週間、これをそのまま続けました。

この新しいやり方を始めた最初の数日は、とても難しかったのを覚えています。従業員たちはパン工房の中で隠れようとします。彼らは工房を離れたくないのです！　しかし、私は、必要のないパンをつくるのに従業員を使いたくありません。その一方で、彼らは、ボスが部下たる自分たちの時間をフルに使いたくないと言っていることに驚いていました。彼らは、必要ならいつでも残業に応じるつもりでいるのに、「それはないだろう……」という気持ちのようです。従業員たちにしてみれば、人余りがはっきりしたら、工房を辞めさせられると考えても無理はありません。

この実験が非常にエキサイティングであっただけに、当然ですが、私は悩みました。しかし、これこそまさに、私がやってみたかったことなのです。読者のみなさんはすでに察しがついていると思いますが、私は一度決めたことはやり遂げたい性格です。他方では、社員たちが、ボスは頭がおかしくなってしまったのではないかと言っていました。

あるときなど、私が最も信頼するサポーターであり続けてくれた妻のエミからさえ、「何をするつもりなの？　1時間だけで社員を帰らせているのよね」と聞かれました。

彼女が心配していたのは、私たちが人の余り具合を調べているのではないかということでした。特に今の従業員たちは、365カフェを起業してから数年の苦しい時期に、多くのチャレンジを常に私たちの側に立って一緒にやり遂げてくれたのですから、それを思えばなおさらです。何人かはすでにエミのところへ行って、「新しい職を探した方がいいでしょうか？」と相談していたし、ファン・アントニオはすっかり「頭がおかしくなって」しまったから、一度しっかり話し合った方がいいとエミを励ます者までいました。

私は、この実験が問題を一層ややこしくする可能性があることに気づいていましたが、同時に、自分たちの仕事は改善できるし、ぜひやるべきだと思うなら、仕事のやり方そのものをよく理解しなければならないということも、わかっていたのです。「日当たりの所要数をつくるのに、本当に必要な従業員は何人か？」「どういう作業を、いつやらなければならないか？」「その作業を完了するのにどのくらいの時間がかかるか？」これらは、この2つ目の実験をやると決めたときに私が答えを求めていた問いです。

数日のうちに、翌日必要なクロワッサンを全量つくるのにかかるのはたった2時間ということがわかり始めました。以前のやり方では、同じプロセスを引き延ばして丸一日かけていたわけです。このとき私は、「私たちのやり方にはもともと多くのムダが潜んでいた。バッチを小さくしたことで、そのムダが見えやすくなっただけだ」ということを理解しました。仕事はもっと短時間で完了できるし、生産プロセスからムダを省けば省くほど、さらに合理化できる――私は確信を深めました。

8月がこの実験に適した時期だったこともわかりました。夏はあまり忙しくないし、生産量も落ちます。しかし、9月に学校が始まるとパンづくりはいつものペースに戻り、私たちはたくさんつくらなくてはなりません。けれども、今や私たちは新しいやり方と、それまでよりもずっと安定したプロセスを持っていました。モノは流れ、人は1日8時間という一定の時間だけ働きます。残業はすっかり過去のものになりました。

ここに紹介したのは、リーンな考え方の実現に向けた最初のステップのいくつかですが、これを通して私たちが学んだのは、仕事のやり方をシンプルにして流れのパワーを解き放つことの大切さでした。まとめてつくると流れを阻害し、つくり過ぎや動作のムダの原因になることがよくわかったのです。「工房内で製品をあちこち何度も運ばなければならないのはなぜか？」「製品に付加価値をつけているのはほんのわずかな動作なのに、なぜこんなにたくさんの動きをしなければならないのか？」私たちはたくさんの「なぜ」を問うようになり、見つけたムダをどんどん省いていきました。そして、冷凍庫はほぼ要らないというところまで来たのです。

結果を見る

社外の人からの支援も受けなかったし、リーンの考え方を具現化するための知識も私にはあまりなかったため、実験は一度に1つだけ、そして、1つひとつの実験に集中して、しっかりやるしかありませんでした。言わば試行錯誤で、一歩ずつ進んできたのです。

最初は生産計画、次に、仕事が終わり次第従業員を帰宅させる。ほどなく効果が現れて、うれしく感じました。困っていたことが次々と解消し始めたのです。当初は不満を抱く従業員もいましたが、問題を1つ解決するたびに、さらに続けていこうと意を強くしました。私は実践を通して深く学び、その学びとともに、自身の不安やためらいを少しずつ振り払い、小さくすることができたのです。当然ですが、歩調を合わせるかのように、在庫を小さくすることもできました。

愚かなことに、私は長い間、スペースの問題で深く悩んできたのです。ところが、リーンのおかげでいとも簡単に、すばやく年来の悩みを解消することができて非常に驚きました。当初のいくつかの実験では、期待通りの結果がすぐに現れました。この大変革は、残業とスペースの問題を解決しただけではありません。1つひとつのプロセスを、小さく、管理可能な大きさに分解するという次のチャレンジへと私たちを導きました。

毎日どんな仕事を、どれだけやらなければならないのかについて、私は俄然意識を向けるようになりました。月曜日はあまり忙しくないが、週末は忙しいといった具合に、仕事の内容と量は毎日変わり、季節によっても変動します。毎日の仕事の内容と量を研究しました。そして、ここが重要ですが、週という大きな単位でプロセスを定義するのではなく、曜日ごとに完結する7種類の日次の標準プロセスを定義したのです。そのおかげでボトルネックが解消し、私たちは、真の意味で生産をコントロールする力を取り戻すことができました。

私は、生産の担当者たちに向かって、最初のうちは「これがリーンの道筋だから、従ってほしい」と言い、押しつけ気味に進めざるを得ませんでした。しかし、やがて彼らもこれがベストな方法だと理解してくれました。私たちがつくり上げたこのシステムは、生産に関する広い意味での「ポカヨケ」（ミスを防ぐ仕組み）としても役立っています。このシステムに沿って仕事をする限り、人がミスを犯すのは非常に困難です。

私たちは、一度に取り組む問題は1つと決めて着実に進めました。おそらくそれがよかったのだと思いますが、パン工房の生産性は大幅に向上し、この分なら増強工事を延伸しても大丈夫と思えるほどでした。そこで私は「2週間後に工事を始めよう」と言い、そのときは単に2週間か1カ月くらい保留にしようというつもりだったのですが、延伸を繰り返すまま

1年経ってしまい、増強はもう要らないとわかったのです。巨額な投資の代わりに、改善を続けていけばよいのですから！

取り組み始めて1年経ち、私たちは1年分の問題解決の経験と、実施した改善が実際にうまく機能している証拠を手にしていました。現場で、日々の具体的な現実に立脚して取り組んできた蓄積です。かなり早い段階で、私はあることに気づきました。それは、大きな変化を一気に起こすより、小さな改善を継続的に積み重ねる方がよいということ。リーンの考え方から私はさまざまなことを学びましたが、最大の学びはおそらくこれだと思いました。

人の力を活かすためのより良いやり方は、昔も今も変わりません。総合的な大変革（のように思えるもの）を一気に実現する「ソリューション」は魅力的ですが、必ずしもそこへジャンプする必要はないのです。「リーン・シンキング」という本に出会う前の私たちがまさにそれです。増床工事と設備購入に巨額を投じる寸前だったのですから。

改善は少しずつ積み重ねるものという考えに立って以来、すべてのピースがしかるべき場所に収まるようになり、仕組みをつくっていく道程への理解が深まりました。ファラオ・プロジェクト（増築計画）を中止したのは2005年です。その4年後、私たちは3倍の数の店舗を構え、普段は冷凍庫の半分は空の状態で運営していました。2009年に33番目の店を開くまで、私たちは以前と同じ「小さなパン工房」のまま事業を続けたのです。

時計のように動く工場

2009年、私たちはついに新しい工場へ移転しました。移転の前に2年かけて計画を立て、考え抜いて設計した新工場です。その頃、私を助けてくれる人を得ました。彼はずっとベーカリーの世界で働いてきて、パンづく

365カフェの歩み

年	総店舗数	直営店の数	フランチャイズ店の数	主な出来事
2000	1	1		最初の店を開く
2001	2	2		
2002	3	2	1	最初のフランチャイズ店を開く
2003	6	4	2	ファン・アントニオ Valver a Empezarを読む
2004	6	4	2	
2005	9	4	5	ファン・アントニオ Lean Thinkingを読む
2006	17	6	11	
2007	25	6	19	
2008	30	6	24	アランチャ　コーチングを開始
2009	35	7	28	新工場へ移転
2010	37	8	29	店舗へリーンの考え方を持ち込む
2011	39	8	31	
2012	45	8	37	リーン経験を持つ生産マネージャーを雇う
2013	51	11	40	店舗のコンセプトを一新
2014	53	12	41	
2015	69	15	54	リーン店舗の新たなモデルづくり

りの機械を製造し、スペイン各地のパン工場に機械を設置し、さらにはパン工場の新設までやってきた人です。建設する場所も決めていない段階なのに、私は彼に新工場の設計を頼みました。彼は立地場所が決まっていないことが気になる様子でしたが、何とかしてやろうと思ったのか承諾してくれました。彼は定年間近でしたから、「こんな面白い話に乗らない手はない」と考えたに違いありません。

毎週土曜日に会って新工場プロジェクトを一緒に進めることにしたのですが、彼はその初日から、私がやろうとしていた設計の進め方に戸惑っていたようです。一般的なアプローチでは、概ね決まった広さと形状の空間がまずあって、さまざまな所与の制約を考慮すると、作業場所と設備の配置については自ずといくつかの選択肢に絞られてくる……というような進め方をするでしょう。

しかし私は、まったく逆のやり方で進めようとしていました。私は、柱や壁をどうするかといったことには興味がありません。考えていたのは、仕事そのものと、どうすればモノが工場の中を停滞なくスイスイと流れるようにできるかということだけでした。見た目がどんなふうであっても、気にしません。

一緒に設計の作業を進めるうちに、このベーカリー・デザイナーと私はとても親しくなりました。ある日、レイアウト図面を一緒に眺めていると、彼が咳払いをして、「ファン・アントニオ、あなたに言わなければならないことがある。申し訳ないけれど、この数カ月、ずっと一緒に仕事をやって、あなたは完全に頭がおかしいと思っていたんだ」と言うのです。

あらら…。私をクレイジーと呼ぶ人がまた1人登場しました。私は一歩引いて、なぜ？　とたずねます。

彼は、「私は生涯をかけて、いくつものベーカリーをスペイン中に立ち上げてきた。リタイアの直前になって、場所すら未確定なのに工場を設計したい、などという人にめぐり会うことになるとは思ってもみなかった。

しかし、今は違う。はっきり言うが、すべてあなたが正しかった。あなたが何をしようとしているか、今はわかる」と言うのです。

こうしてようやく私たちは1つの解にたどり着きました。それは、なんと三角形！　私たちの新工場は形が珍しいだけでなく、その中身も、かつて見たことのないものになりそうでした（44, 45ページに掲載した図をご覧ください）。

レイアウトを変えて、人、モノ、時間、エネルギーなどの限られたリソースをもっと有効に活かすにはどうすべきか。私たちは実際にいろいろなことをやってみて、学んできました。2009年の新工場への移転以来、何度レイアウトを変えたか数え切れません。スペインには南米から働きに来る人がたくさんいます。彼らは1カ月半くらい休暇をとって故郷の家族に会いに行くのですが、戻って来ると職場はすっかり様変わり。ずっとそんな感じでした。

もし、リーンの勉強をしている人たちが私たちの三角形の工場を見に来たら、最初は「ここはリーンではない！」「基本中の基本である5S（整理・整頓・清掃・清潔・躾）もできていないじゃないか？」と感じるかもしれません。しかし、ものごとは表面だけを見ていてはわからぬものです。私たちが実際に作業をやっているところを見れば、365カフェがリーンの核心を追求しているとすぐにわかってもらえるでしょう。私たちは、時計のように動く1つのシステムに基づいて仕事をしています。わずか数cmのスペースにも目的があり、どこで誰がどんな作業をするのかもはっきり決まっていて、実際、ほぼその通りに動いています。

工場現場ツアーに出てみる

ここで、みなさんに工場の中を見てもらい、私たちがどこでどんなふうに仕事をしているかを説明し、限られたスペースをうまく使うべく工夫してきた例をいくつか紹介しましょう。私たちの仕事のやり方がどのようなものかを把握していただき、ミスやバラツキがなぜ生じないのかを理解していただけたら幸いです。

まずは工場概要。三角形はとても珍しいですよね！（44, 45ページを参照）工場は、バルセロナ中央部西側のペドローサ工業団地にあります。1階が生産フロア、2階がオフィスです。延床面積は650㎡弱あります。

ずいぶん広いと感じるかもしれませんが、この工場だけで83店舗にほぼすべてのパンを供給していると知れば、意外に思うのではないでしょうか。ここで毎日、バゲットを約15,000個（プリ・ベイク済み9,000個、冷凍6,000個）、チャバタを2,000個、クロワッサンを12,000個、ケーキを最大1,000個つくります。ここから供給する製品は、トータルで毎日270,000個に上ります。

工場に足を踏み入れると、まず壁に沿って並べた棚が目に入るでしょう。店舗で必要な食品以外のもの、ナプキンや皿、清掃用品、ケーキ用の箱、包装用の袋などを置く棚です。この工場は、365カフェの店舗にとって唯一のサプライヤーであり、必要なもののすべてがここから届けられます。

目の前には白いプラスチックの箱が積まれています。これは、完成したパンを入れて店舗に届けるための空箱。たくさんありますが、たった今、トンネル型洗浄機から出てきたところです。

箱が伏せてあったら洗浄済み、上向きなら未洗浄です。未洗浄の箱と洗浄済みの箱を区別するために、自分たちで考えた「目で見る管理」の1つですが、なかなかよくできているでしょう。この箱に完成したパンを入れたら、必ず荷札をつけます。この荷札が配送の基本情報になります。この箱はどの店に行くのか、どんな種類のパンがいくつ入っているかなどの情報です。

トンネル型洗浄機の隣にミキサーがあり、ここで、さまざまな種類のパンとケーキの材料を混ぜ合わせます。ミキサー工程は、つい最近、省スペースのために倉庫からここへ移ってきました。覗き込めば、材料が混ぜ合わされているのが見えるでしょう。それぞれのパンの味を正しく出せるように、小麦粉、塩、イースト、ブレッド・スターター（スペイン語ではmasa madre）をすべて正確に測ってミキサーに入れ、混ぜ合わせます。

いよいよ工場の核心部にやってきました。私たちが「トレイン・マシン」と呼んでいる機械が目に入るはずです。今はバゲットをつくっていますが、非常によくできた機械で、重さ、スピード、形状の設定を変えれば、どんなパンでもつくれます。次の4つの工程が列車のように一連になっていることから、トレイン・マシンと呼んでいるのです。

○こねる機械（amasadora）

混ぜ合わせた材料を入れ、水と追加の小麦粉を加えて、毎分数百回転でこねます。10分から15分でパンの中種ができ上がって、次のステップへ進みます

○重さを測って小分けにする機械（pesadora）

重さを正確に測り、中種を小分けにしていきます

○生地を休める機械（cámara de reposo）

高速でこねて形を整えた後、20分から25分、生地を休ませます。ここで初めてイーストが効いてきます。私たちはここに至って、ようやくパンに付加価値をつけるのです

○成形する機械

数分後、小さな生地の塊を巻いて空気を抜き、しかるべき長さと形に成形します

バゲットが10個ずつトレーに載って成形機から出てきたら、そのまま台車に載せて発酵室へ運びます。

チャバタの場合は、機械（チャパテラと呼びます）ではなく、人がほとんどの付加価値をつけます。チャバタのプロセスはバゲットとはまったく違うのです。生地を寝かせるのは、機械の内部ではなく箱の中。生地を入れた箱を積み重ね、1時間半休ませます。その後、チャパテラ・マシンに生地を投入すると、しかるべき高さまで互い違いにパン生地を重ね合わせてくれます。

以前、チャバタの作業はトレイン・マシンのすぐ隣でやっていて、毎日8時間から10時間かかっていました。ところが、新たに冷凍マシンを設置するスペースが必要になり、「そうだ、チャバタの作業エリアとクロワッサンの作業エリアを統合すればよい」と思いつきました。チャバタとクロワッサンの2種類の作業を同時に行うことはないのですから、1カ所に統合しても問題はなかったのです。

夜の間にチャバタをつくり終えると、チャパテラ・マシンを片づけ、クロワッサン用のマシンと折り畳み式の作業台を運び込みます。日中はクロワッサンを手でつくるのです。

1つの場所をフレキシブルに使って、コンベアラインのような流れでパンをつくり、使わないラインは片づける。このやり方のおかげで、ムダなスペースを大いに省けるようになりました。スペースは必要に応じていくらでも生み出せるものです。実際、追加の冷凍マシンを設置できた一方で、このエリアは毎日16時間から20時間も使われています。まさにスペースの有効活用です！（そうは言っても、機械をしょっちゅう移動させるなんて、誰もが好き好んでやることではないでしょう。彼らはマシンをもっと小さくシンプルにして、生産性を上げようとしています）

新設したマシンは、パンの冷凍に窒素を使います。こうして冷凍したパンを私たちは「ウルトラ・ブレッド」と呼んでいますが、これはとても重要な投資でした。機械式の冷凍装置よりも高額ですが、非常に優れていて、品質を保ったまま30分で900個のバゲットを冷凍できるのです。普通の機械式冷凍装置ではこんなことはできません。

折り畳み式作業台の上で、手でクロワッサンをつくる

これまで私たちはプリ・ベイクしたパンを店舗に届けてきました（工場で完成一歩手前まで焼いた状態にして店へ届け、仕上げの焼成は店で行う）。しかし、最高の品質でお客様にパンを届けるには、最終発酵と焼成を店でやるのが一番だということはわかっていたのです。

パンの質は発酵の間に高まります。しかし、工場のスペースは限られていて、今の発酵室は9時間から12時間発酵させるだけの大きさはありません。目下、私たちは、焼成前のパンを冷凍して店舗へ届けることにより、最終発酵のプロセスを徐々に店舗へ移しているところです。各店舗に2台ずつ発酵ケースを設置し、夜間に発酵させます。これによってパンの質は飛躍的に高まるはずです。

工場現場ツアーに戻りましょう。クロワッサンとチャバタの作業エリアの右側では、午後ならペストリー（スペイン語ではbolleria）、午前中ならケーキ（スペイン語ではpasteleria）をつくっているはずです。ペストリーづくりには人手の作業がたくさん必要です。

工場のレイアウトとバゲットのプロセス

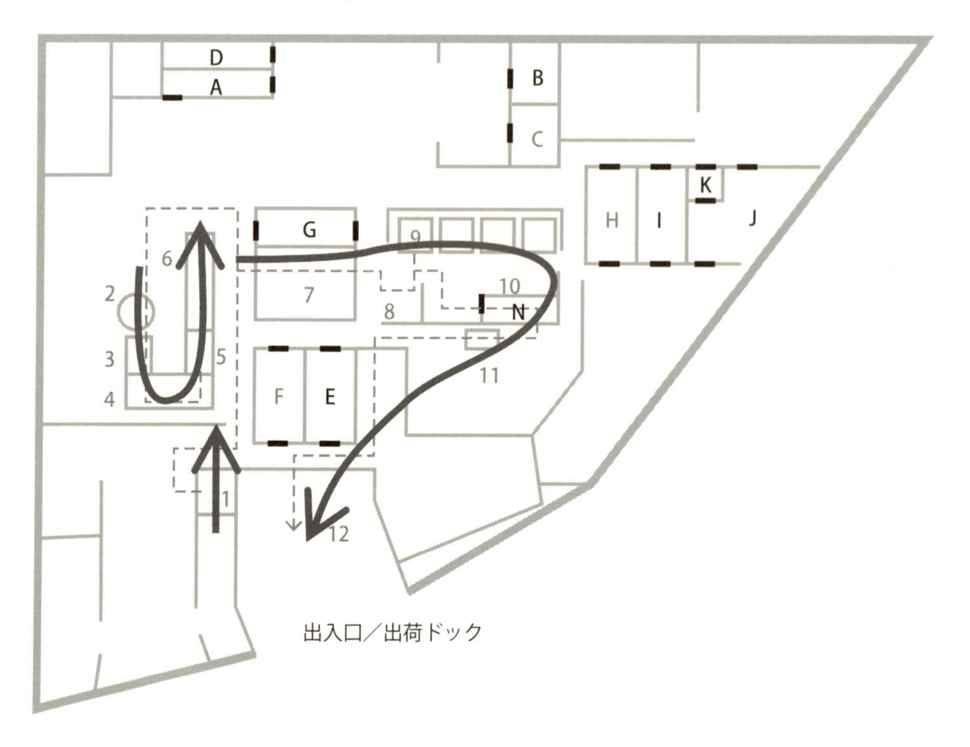

1. プレ・ミキシング
2. ミキサー
3. 小分け
4. 寝かせ＋成形
5. トラバー
6. 発酵
7. カット
8. オーブン
9. 冷まし
10. 包装
11. 運搬

1. プレ・ミキシング
2. ミキサー
3. 小分け
4. 積層
5. 成形
6. 発酵
7. デコレーション
8. オーブン
9. 包装
10. ピッキング
11. 運搬

たとえば、コロネにチョコレートを詰めるには、口金をつけた絞り袋を使うのが普通です。毎回同じ量のチョコを詰めるのですから、私たちは、充填ガンを使ってスピードアップしようと考えました。しかし、間もなく、この「改善」はあまりよくないと気づきます。違うタイプのチョコレートを詰める必要が生じるたびにガンを洗浄しなくてはならず、ずいぶん時間がかかるのです。

そこで、私たちはこの道具をできる限り単純化し、不要な部品を取り除いてチューブで置き換え、中身だけを交換できるようにしました。この例のように、私たちが加える変更のほとんどはかなりシンプルなのですが、効果は絶大です。

ペストリーとケーキのエリアの隣はオーブンです。オーブンはほんのわずかしかないのに、焼くべきパンは毎日何千個もあります。このおかげで私たちは、より効率的にオーブンを使う方法を見つけざるを得ませんでした。オーブンまでの通路に並べる台車は一度に4台までと決めて、いつも同じ順序で台車の流れをコントロールするのです。最初の3台はパン、4台目はペストリーです。

台車が1台入ると1台出ていく1台流し。人がやるべき作業は台車を所定の場所に入れること、パンが焼き上がったら台車を出すことだけです。そして、これが部門と部門の間にプル・システムをつくり出します（後ろの工程が引いたら前工程から運ばれてきて、前工程では運び出された分だけつくる）。パンの種類に応じて焼成に要する時間は2.5時間から3.5時間の間で変化しますが、混乱はありません。

オーブンを出てすぐの場所に冷却促進のための吸引ファンがあります。オーブンから出た直後のパンは非常に高温で、ピッキングするには熱過ぎます。室温でも200℃から50℃まで下げることはできますが、25℃から30℃くらいまで、よりすばやく温度を下げるため、吸引ファンの下にパンの台車を置いて、45分待つ必要があります。

オーブン入りを待つ台車と、今まさにオーブンから出ようとしている台車

工場内の多くの場所は、一日のうちでも違う時間帯には違う用途で使われます。そのおかげで、こんなに小さな工場で多くのパンをつくることができているのです。同じ場所を時間帯で使い分けて、チャバタとクロワッサンをつくっている例をすでに紹介しました。一日の中で用途を使い分ける主な事例を、もう1つお話ししましょう。オーブンに隣接するピッキング・エリアです。

工場内の他のあらゆる場所と同じく、倉庫／ピッキング・エリアも狭く、複数の用途に供されます。ここでは、午前中（未明から早朝）に外部サプライヤーからの納品を受け、その日のうちに店舗へ届くよう、すぐにトラックへ積み込みます。午後の間、このスペースはクロワッサンの一時的な置き場として使われ、夜には店舗ごとの出荷指示に基づいてピッキングする場所になります。

当初、サプライヤーは私たちのシステムをなかなか理解してくれませんでした。少しずつ納品するのではなく、パレット一杯に積んで納品したいと言って譲りません。なぜなら「その方が安い」から。しかし、いっぺんに大量に持って来られても、私たちにはそれを受けるスペースはありません。仮に広いスペースがあったとしても、一度に大量に運搬し、保管すると余計なお金とリソースが必要になります。そんなことのために無理をしたくないのは当然ですが、何より重要なのは、そんなにたくさん、今すぐには必要ないということでした。

他にも大きな問題がありました。金曜日にはサプライヤーが週末の分もまとめて持って来るため、それがボトルネックになっていたのです。365カフェは週7日稼動ですが、サプライヤーからの納品は概ね平日のみ。3日分置けるスペースはウチにはありません。

そこでやむを得ず、保管にパレットを使い始めました。私たちの工場でつくっていないソフトドリンクなどの商品を主な対象として、トラックへの積載作業をする場所に昇降棚を設置し、そこに商品のパレットを載せることにしたのです。サプライヤーには、商品を曜日ごとに分けてパレットに積み、納品してもらうようにしました。私たちが土日にやらなければならないのは、パレットを降ろしてトラックに積み込むことだけです。

このように、曜日別に区分して納品してもらうようにしたことは、商品受け取りの荷扱い作業を均してボトルネックを解消する上で助けになりました。さらに私たちはサプライヤーに「早朝6時ではなく、夜の12時に来てください」と頼みました。こうすれば、商品が届くとすぐにオーダー・ピッキングを開始できますから、時間の浪費を最短で済ませることが可能です。現在はもう一段進んで、商品を受け取るとそのまま店舗行きの箱に

倉庫エリアに置かれている商品

詰めています。何ひとつ保管しません。この作業は1人ではなく、3人で行います。

最近、このピッキング作業に「買い物台車」という新しいシステムを導入しました。1人ひとりが、店ごとに出荷すべきすべての商品をピッキングして台車に載せるまでを任されており、小さなコンピュータとイヤホン&マイクを使って出荷指示リストの最初から最後までを担当します。

コンピュータは1件ずつ、商品の所番地（ロケーション）に沿った適切な順序で、次に取るべき商品を音声で知らせてくれます。人が正しい商品を取って「OK」と言うと、コンピュータは次の商品へ進みます。このシステムは、ピッキング漏れを防ぐ上で大いに効果があります。ピッキング漏れがあると、店頭欠品とお客様のイライラを引き起こし、工場側も緊急出荷に対応しなければなりませんから、未然防止はとても重要です。

出荷については、長年数え切れないくらい実験を繰り返してきました。最初の頃は、すべての店舗が消耗品と商品を夜に受け取っていたのですが、店舗が増え、ネットワークが大きくなるに連れて、このやり方では段々と難しくなってきました。そこで、日に2回出荷すると決めて、午後に缶入りドリンクのような日保ちのする商品を届け、夜に生ものを届けることにしたのです。当然ですが、朝から来店されるお客様にできるだけ新鮮な商品を提供しなければなりませんから、「生ものは夜のうちに」と考えてのことです。

出荷作業を一日のうちに複数ラウンドやるのですから、仕事も増えるし時間もかかります。しかし、あまりたくさんの問題に出会うこともなく、何とかやれるようになりました。スペースの制約のおかげで、工場内にモノを置いておくのは昔も今も大問題です。

そういうわけで、私たちは長年、パンをつくってから2～3時間のうちに出荷するにはどうしたらよいかを学び続けてきました。それに、つくってすぐに出荷するなら、対応すべき緊急出荷の件数を減らすことができま

「買い物台車」でピッキング

す（店舗で必要になったモノは、何であれ、次の出荷で送ればよいのですから）。

最近は、店舗における仕事のやり方がずいぶん安定してきたため、一日1回のデリバリーに戻しているところです。出荷の作業は午後から始めて、朝4時か5時には終わります。今取り組んでいるのは、日々、各店舗で必要な数量を正しく把握して、余分に届けなくてもよいようにすることです。しかし、工場では今も2〜3時間分のバッファを持っています。これは毎朝、急な必要が生じた場合に備えるためのもので、ソーダ1缶とか砂糖1袋というようにどんなに小さなモノでも、ドライバーのうち1人がバルセロナ市内を回って店舗へ届けます。

重要なのは、毎日少量ずつ届けるなら、店舗は大きな保管スペースを持たずに済むことです。大量の商品在庫の代わりにテーブルをもっと置けるようになり、こうして固定費を下げれば（店舗が小さければ安く借りられるし、在庫関連費用も小さくなる）、収益が増え、資金を投資に回してさらなる成長につなげることができます。

工場現場ツアーに戻りましょう。倉庫エリアの向こうにキッチンが見えます。店で売る食べ物をここでつくり、さらに工場の「近隣で働く人々のための食べ物もつくっています（私たちは近隣オフィスへのランチ・デリバリーもやっているのです）。キッチンの棚にあるモノはすべて、「かんばんシステム」によって毎日使った分だけパントリーから補充されます。キッチンは注文に合わせて調理する仕組みを持ち、異常があればひと目でわかり、ミスを防ぐことができる優れた機構を備えています。

その機構とは、キッチン・エリアの頭上に張られた1本のワイヤーです。新たにオーダーが入るとシートに書かれ、クリップでそのワイヤーにシートを吊り下げます。このシートは、キッチンの中を調理、加熱、包装とプロセスが進むのに合わせて、作業ステーションから作業ステーションへと動いていきます。

調理プロセスの最後のステーションに到達すると、シートを引っ張ってワイヤーから外し、そのシートをパッケージに貼りつけます。同じシートが出荷でも使われます。まさに、究極の1個流しと言えるでしょう。

リーンであり続けるためには工場は小さめがよい

私たちの工場を非常に特異なものにしているのは、一日のうちで時間帯によってスペースの用途を変化させるというユニークな活用方法でしょう。私たちは、長年にわたって変化する状況に適応する技を磨き、より良くしていくために絶え間のない「プル」を創出し（常に改善せざるを得ない状況に自らを置き、知恵を引き出し続けること）、スペースとリソースをもっとうまく活用する方法を追求してきました。

振り返れば、より良い仕事のやり方に変えていく能力を育て、設備と作業場所をあちこち動かしているうちに、ずいぶん知恵がついてかなり創造的になれたと思います。レイアウト変更は実物大のテトリスをやっているようなものだと感じたこともありました。私たちは、以前の小さなパン工房で初めてこのアプローチでやってみて、まずは現有スペースと現有リソースをもっと有効に使うことが大切と気づかされました。

もともと私たちは、生産能力の制約を考えれば、11番目の店をオープンするまでには工場の拡張か移転が必要になると思っていました。ありがたいことに、自らつくったリーンなシステムのおかげで巨大な増設プロジェクトを取り止め、33番目の店をオープンするまで、そのまま移転せずにうまくやっていくことができたのです。

私たちがやってきた「リーンな改善」がどれほどのインパクトをもたらしたのか、証明を求められるなら、冷凍庫が好例でしょう。小屋のような以前のパン工房の冷凍庫のスペースは、現在私たちが持っている冷凍庫の全床面積よりも広かったのです。

2009年に話を戻すと、今の工場へ移って来たときは、60店舗から70店舗くらいまで、この工場でやっていけると考えていました。新工場では標準作業を取り入れ、標準作業を継続的に改訂し続ける「継続的改善」と呼ばれるやり方を実践を通して学んできました。加えて、ずっと続けてきたレイアウト改善も重ねて今日に至るのですが、現在は、110店舗までは今の工場のまま十分にやっていけると確信しています。

この工場は、自分たちでも想像していなかったほど大きな変貌を遂げましたが、今なお、より良くするためにもっといろいろなことをやれるし、さらに効率化できると考えています。2年ほど前に、とうとう能力の限界に近づいたと思われましたが、それでも新店舗をオープンし続けています。「どうしてそんなことが可能なのか？」と問うなら、「シンプルにすること」に尽きるでしょう。新店舗についても、私たちは複数店舗を一時にまとめてオープンすることはありません。

一度に1店舗ずつオープンさせていきますから、生産担当マネージャーのウナイ・アブリスケッタは、およそ3週間ごとに、クロワッサンづくりの時間を削るか、缶飲料などの出荷作業の時間帯を変えるかして、新店舗のために「新たなスペースをつくる」必要があります。必要があるからこそ、さまざまな改善のアイデアが浮かび上がってくることをウナイもよくわかっています。

大きな工場へ移ったらよいと単純に考える人もいるでしょうが、私は、本当に必要になるまで移転計画を立てるつもりはありません。以前の小さなパン工房で私たちはリーンに取り組み始め、それから何年も、拡張も移転もせずにやっていけたのです。今度も同じことができるはずです。私は、この工場に留まったまま、さらに改善し、成長していけると考えています。改善を重ねていけば、切実に悩む必要が生じるまで、あと25店舗か30店舗は今のスペースからパンと商品を問題なく供給できるようになるでしょう。

しかし、何より私は、もっと大きな工場へ移るという考えに飛びつきたくないのです。なぜなら、スペースが広ければ広いほど、ムダが生まれる可能性が増えると知っているからです。今の工場へ移ってしばらくの間、私たちはリーンを忘れていました。そして、ミスが起こり始めたのです。

以前の私たちは非常に狭いスペースでやりくりできていたのに、供給すべき店舗数が増えれば、その分だけ多くのスペースを持つのが当然と考える工場になってしまっていたのです。信じ難いことに、生産能力を増強した新工場で、生産量と取扱商品の荷量が同じであるにもかかわらず、以前の小さなパン工房で抱えていた以上に多くの問題に悩まされていました。私たちは、「快適の罠」に落ちていたのです。

以前よりも広いスペースを得て、私たちは、改善して仕事のやり方をもっと良くしようという意欲や意識の集中を失っていました。限られたスペースしかなかった頃は、もっと良いやり方はないか、既存のリソースをもっと活用できないかと追求していく切迫感がありました。わずかなスペースしかなければ、人は知恵を絞るほかなく、気が緩むこともないでしょう。

たとえば現在、私たちは工場に生産量換算で約1.5日分持っていますが、これは、何か事故が起きたときに全店に供給できなくなる事態を避けるためです。メカニズムは、どんなときも切れ目なく機能しなくてはなりません。これは非常に強い動機です！

この経験から私たちが学んだ最大の教訓は、快適で安心できる状態はリーンの最悪の敵ということでしょう。広いスペースを擁す、余分な人員を持つ、比較的容易に大金を調達できるなどのことはすべて、リーンが象徴するものに敵対します。お金がなくスペースも狭いが、需要は大きいという困った状況にあればこそ良い知恵が出るのです。読者のみなさんも、リーンを根づかせたいと考えるなら、自らを「危機」に置くことです。

365カフェの生産担当マネージャーであるということ

365カフェに入社する前、私はある多国籍企業で働いていました。その会社はついにはスペイン工場を閉鎖し、生産を中国へ移すに至りました。そこでは本格的にリーンをやっているように見えましたが、実際にはチェックリストと標準を社員に強制していただけです。紙の上でよくできていることになっていても、社員の胸の内は違い、心から納得していたのではありません。上の人たちが心から納得していないのに、いったいどうしたら一般社員がそうなれると言うのでしょう。

365カフェは、そういう組織とは違います。経営層がリーンを心から信じ、社員とのコミュニケーションを良くするにはどう行動すべきかということをよく知っているからです。リーンを説くには、一緒にやってみる以上の方法はありません。ファン・アントニオはよく、普段の生活の中から例を引いて説明します。自分が本当に伝えたいことを、みんなに理解してもらうためです。

リーンがどう機能するのかを人が理解するには、具体的な実例で説明するのが一番です。さもなければ、人は頭の中で抽象的に理解する傾向がありますから、勝手な解釈をすることもあるし、悪くすると、「これも一時的な流行の1つ。そのうち消えてしまうだろう」と軽く受け流してしまいます。

365カフェがうまくいっているのは、ここの社員たちがリーンをやりたいと本気で思っているからです。実際に自分たちの仕事をやりやすく、楽にする上でリーンが大いに力になると1人ひとりがよくわかっているからこそ、もっとやりたいと考えるのです。

ここで働き始めた頃、具体的な変化を起こす前に、私にはやらなければならないことがありました。まず、1人ひとりをよく知り、どのように接したらよいかを学ぶことです。私は自分の席を最初からずっと1階、つまり生産現場に置いていますが、これは当然です。現場こそ、私がいるべき場所なのですから。

毎日出社して最初にやるのは、現場を歩いて回ることです。「おはよう。調子はどう？」「何か困っていることはない？」と聞くだけのときもありますが、何か問題が起きていたら、当人たちがその問題を解決するのを助けます。一日のうちで、この最初の15分は私にとって最も重要です。

自分の仕事の中で非常に大切な部分は、まず人の話をよく聞き、よく観察すること、彼らが直面している問題について当人たちとよく話し合い、彼らが自ら考え出した対策から学ぶことです。人々から信頼してもらい、一緒にリーンの旅を歩んでもらうには、他に方法はありません。

自分が抱えている問題について話すのは、誰にとっても辛いものです。したがって、話しやすくしなければなりません。さらに、仕事に関係があろうとなかろうと、「自分の問題について話せてよかった」と感じてもらえるよう、常に心掛ける必要があります。共通のゴールに向かって歩み続ける「チーム」をつくるには、これが最良のやり方なのです。「集団」を「チーム」に変身させるトランスフォーメーションは、おそらく最も重要な結果であると同時に、リーン・トランスフォーメーションの最大の原動力でもあります。

私たちが小さな会社であることも有利に働いていると思います。社員はみな隣り合って働き、仕事自体を実によく理解しています。「チーム」として働くとはどういうことか、大きな会社にいる人たちよりも、たぶん理解しやすいでしょう。ここには官僚主義はないし、普通の会社なら厳しく管理されるであろう役割分業の決まりごとも、365カフェではあまり強くありません。このことが、チーム指向の問題解決と、部門の垣根を超えた協力に理想的な環境をつくり出しています。

余分なリソースもお金もない小さな会社の利点は、もう1つあります。対策を考えるとき、私たちは「最も良さそうだが、最も高額」という案は決して選びません。「より賢い」対策を追求していくだけです。

ウナイ・アブリスケッタ
生産担当マネージャー

第3章

ベーカリー店舗へ「リーン」の考え方と行動を持ち込む

本章は私、エミ・カストロがご案内します。

今まで、ずっと販売が好きでした。今も大好きです。カタルーニャへ来る前に、家族で営んでいたのが小売り業。グラナダで魚屋をやっていました。夫のファン・アントニオと違って、私は人と接するのが最大の喜びです。長年にわたってリーンからさまざまなことを学んできましたが、本章を書くに当たり、その学びを自分自身が改めて理解するには、私が古いタイプのセラー（販売者）であるせいか、何度か目の前に並べてみて考える必要がありました。

あるときのことです。工場ではその頃すでにリーンをやっていましたが、店舗ではまだでしたから、2つの事業を別々にやっているような感じでした。工場はファン・アントニオの主戦場で、彼が獲得しつつあった成果は、言葉で説明するまでもなく明らかです。しかし、店は工場とは違います。私は自分のやり方で進めるつもりでした。

当時の私にしてみれば、店は1店舗ずつそれぞれに違うのです。ある店で必要だからといって、別の店でも同じことが必要とは限りません。気難しい特定の常連客への対応に悩む店もあれば、店を回していくのにもう1人ほしいと訴える店もあります。それぞれ状況が違うのに、同じひとつのやり方を押し付けるなんて無理だと感じていました。

しかし、その一方で、店のコストは過大になりつつありました。店員が5～6人いないと回らない店もあり、販売部門の経費は膨むばかりです。そうこうして7年前、新工場へ移転した頃に、店舗へもリーン・シンキングを持ち込む必要があると私たちは考えたのですが、それによって少なからぬ葛藤が生じました。もっとも、今までにない新たな変化を起こしたいなら、いつだってそういうものでしょう。

初めは非常に苦しみました。私たちの最初の「リーン・コーチ」、アランチャ・モヤが私に会うために店にやって来ると、私はいつも適当な口実を見つけて逃げ出します。私はリーン・シンキングを恐ろしいと思い、非常に懐疑的でした。特に「実験」が嫌でした。そんなことをしたら、お客様へのサービスの邪魔になると考えていたからです。

工場でやるなら構いません。私たちが工場の中で何をやっていようがお客様には見えませんが、店では丸見えです。お客様が行列している脇に立って、お客様の待ち時間を測るなんて、良い考えとは思えませんでした。しかし、後になってわかったことですが、私たちには本当にそういう実験が必要だったのです。内心渋々ながら、ついに実験をやってみることになり、思ってもみなかった発見に驚きました。例を挙げると、「店員が3人いて、仕事のやり方がきちんと決められていない店」よりも、「仕事のやり方をしっかり定めた店員2人の店」の方がお客様の待ち時間が短かったのです。

リーンの改善を始める前は、店舗スタッフ1人ひとりの役割は明確には決められていませんでした。店の社員はみな「自分はチームの一員」と考えていましたが、チームであるなら、1人ひとりに明確に定められた役割があり、誰もがそれぞれの役割をよく理解していなければなりません。互いに助け合うことは、何でもやるという意味ではないのです。

たとえば、私には良くない習慣がありました。ついついカウンターに立って、お客様に自ら接しようとするのです。もちろん、良かれと思ってです。あるとき、アランチャから「これからはもうカウンターに立ってはいけません」と言われるまで、それが良くないことだとは思ってもみませんでした。カウンターに立つなと言われて、良い気持ちになれるはずがありません。正直なところ、「何人たりとも、私にそんなことを言わせてたまるか！」という感じです。

しかし、アランチャは続けて、さも当然という雰囲気で、私が考えてもみなかったことを言い出しました。「近い将来、あなた自身ですべての店舗を回り切ることが物理的にできなくなるときが必ず来ます。全店舗で自ら売りたいという気持ちはわかりますが、それができなくなる日は間違いなく到来します。その日が来たら、どうしますか？」と言われてわかりました。私がやらなければならなかったのは、一歩引いてよく観察することだったのです。

私は細かいことがいちいち気になる、いわゆる「マイクロ・マネジメント」型の人間です。アランチャは、ずっと見ていたからわかったのでしょう。あらゆる機会をとらえて、私のマイクロ・マネジメントを制しました。そんなある日のこと、アランチャが娘を連れて店に立ち寄りました。私たちはスーパーバイザーの2人、コンチ・エスカーダ・モヤと、エヴァ・フェルナンデス・リャゴステラと一緒に席に着き、私はエヴァに「奥へ行って、アランチャのお嬢さんにクロワッサンを持って来てあげて」と頼みました。エヴァがなかなか戻って来ないので、コンチに見に行ってもらいました。すると、どうしたことか、コンチも戻って来ません。

アランチャと顔を見合わせ、私は「2人ともどこへ行ったのかしら？クロワッサンで何か問題があったのかもしれないわ」と言いました。

何が起きているのか自分の目で確かめようと思って奥へ行ったのですが、私は事実を確かめる前に思わず体が動いて、「本日のサンドウィッチ」の調理を手伝っているエヴァとコンチに合流してしまいました。3人が3人とも、サラミを切ったり、レジを手伝ったりで、他のことは頭にありません。

このとき、私たちは知りませんでしたが、アランチャはカウンター沿いのお客様の長い列に加わっていました。「お次のお客様どうぞ」と言ったエヴァは、列の先頭にいるのがアランチャと気づいてびっくり。そして、「私たち、うまくやれていないわよね……」と言いました。その同じ日、アランチャは店の様子を撮影していて、後で見せてもらってわかったことがあります。店舗スタッフはみな自分では助け合っているつもりだったのですが、実際にはまるで助け合いになっていません。そして、彼女たち自身、初めてそれがよくわかったのです。

仕事を分解して、どこかに線を引くことが必要になっていました。そこで、リーン・プロセス改善が実践の助けとなってくれたのです。リーン・シンキングは、全員が理解し、得心がいくまでになるのは、最初のうちは特に難しいと思っていたのですが、実際にやれたものですから、私たちはとてもうれしく感じました。

なぜできたのか、当時ははっきりわかっていませんでしたが、今はわかります。本当に仕事が楽になり、助かるからです。それなしには、今日までに得られたような大きな成果を手にするのは難しかったでしょう（もちろん、私1人だったらできなかったのは間違いありません。エヴァとコンチの助け、改善への熱意と献身があってこそでした。さらに、彼女たちは人への接し方が非常に優れていて、大いに助けられました）。

リーンを始めるまで、私たちには立ち止まって考える時間はありませんでした。火消し作業に追われ、目の前の危機を避けるのに精一杯だったからです。笑顔でお客様に接することはできるかもしれませんが、月末になって給料も払えず、サプライヤーへの支払いもできなくなったとしたら、何をやっているのかわからないと誰もが感じるでしょう。

今や私たちは、店をうまく機能させるものが何であるかを知っていますから、重箱の隅をつつくようなことはしません。うまくいくための仕組みをつくったのです。たとえば、社員から「店にもう1人ほしい」という相談があったら、現状をよく分析して妥当性を判断しなければなりませんが、私たちはそのために必要なツール群を持っています。そして、ほとんどのケースで、増員は必要がないことを発見します。

店舗はどのように運営されているか

365カフェの工場は、関係者全員が連携してうまく働かないと、たちまち生産が止まるようになっています。厳しいと感じるかもしれませんが、各人が正しく仕事をやり、さらに改善を進める上で、これが強いインセンティブになっています。2009年に私たちはこのことに気づき、365カフェがこれからも成長し、成功していくためには、店でもリーンをやるしかないと考えるようになりました。現在は、直営の全店（70店舗のうち直営は15店）にリーンの手法を展開しようと頑張っているところです。

始めると決めたとき（35番目に開店した店をモデルとして始めました）、コンチと私は、1週間で全店に展開できると思い込んでいました。「一緒にやればできるわよね。1週間、毎日、午前中に1店舗、午後に1店舗やればいいんですもの」と言っていたものです。

工場でリーンの改善がとてもうまくいっているのを見ていたことが、私たちに「間違った」印象を与えていました。店でも簡単にやれると思ってしまったのです。ファン・アントニオは私たちの間違いに気づいていたはずですが、特に何も言いません。やる気満々の私たちに、冷や水を浴びせるようなことはしたくなかったのかもしれません。

正直に言うと、リーンの導入はわりと簡単でした。しかし、それを維持し、カルチャーを変えていくのはまた別のことと思い知りました。長年続けてきた方法を変えるのは非常に難しく、時間がかかります。当然ですが、1週間ではできません。

私たちは「リーンの旅」を始めましたが、当時知っていた唯一の理にかなう方法は、「現状をよく観察することによって進め」ということだけでした。マネージャーとしての私たちのアプローチは、現場で1つひとつやって見せながら教えるというものでしたから、「観察」を体得し、伝授するのは難しいことでした。何より私自身、エプロンをつけてカウンターに立ち、店舗スタッフを助けているつもりが、組織として見れば改善の妨げになっていると理解するのに、しばらく時間が必要でした。

一歩下がってよく観察することが、私にとってどれほど重要かを私自身が理解してからは、徐々に変化が起き始めました。店内で従業員がどのよ

朝の来客ラッシュに備えて棚に在庫を持つ

うに歩き回っているか、お客様は列に並んでどのくらい待たねばならないか、現状はどうなっているのか（バリュー・ストリーム・マップ）などを、私たちはつぶさに観察しました。そして、長い時間をかけて問題の見方を学び、ボトルネックの見つけ方を学び、改善の可能性がある事柄の見出し方を学んできました。

ある日のこと、店でエヴァが現状を熱心に観察してノートをとっていると、1人のお客様が近づいてきて、「あなたはここで働いているのですか？」と聞きました。エヴァがうなずくと、彼は「あなたがそこに座っているのを見て、私はすごく腹立たしかった。だって、同僚の店員さんたちはずっと懸命に働いているのに、どうしてあなたは何もしないのかってね。しかし、わかった。あなたはこの状態を観察して、見たものを書いていたんだ。改善するためにやっているんでしょう。すばらしいね！」と言ったのです。

ツールはツールに過ぎませんが、観察は、私たちが学んできたリーンの実践手法の中でも別格で、最も価値あるものです。仕事をやっているところをよく見て、人の動きを追いかけて図に描いてみることで（私たちはこれをスパゲッティ・チャートと呼びます）、店がカオス状態であること、人の役割がはっきり決まっていないこと、人と人が鉢合わせしていることなどが、ようやく誰の目にも明らかになったのです。店舗スタッフは各自の役割をはっきり理解していないので、コーヒーをつくったり、バックヤードで働いたり、レジ打ちをしたり、サンドウィッチをつくったりして、あわただしく走り回っています。何もかもやろうとするから、何もできないのだとわかりました。

スパゲッティ・チャートを見れば、毎日どれくらい歩いているかわかります――そう、とてもたくさん！有酸素運動の長いエクササイズをこなしたとしても、ウチの社員が毎日の仕事に投入していた運動量に比べたら、どうということもないでしょう。それにしても、社員たちは仕事のやり方の設計が良くないせいで、こんなにも動かなければならないのですからひどい話でした。

一日の終わりになると店舗スタッフはみな疲れ果て、もうぐったりという様子でしたが、これでは無理もありません。私たちは社員の健康と厚生への影響をよく調べなければと考え、スパゲッティ・チャートを実物で描いてみることにしました。長いウールの糸を用意して一方の端を店舗スタッフにつけ、動いてもらうのです。実物大スパゲッティ・チャートの上で絡み合いながら行き交う糸を見て、スタッフたちが一日中走り回っていること、それまで業務設計に組み入れていなかった「あるプロセス」のせいで、みんなの日々の仕事全体が非常にやりにくくなっていることがよくわかりました。

カフェの仕事のスパゲッティ・チャート

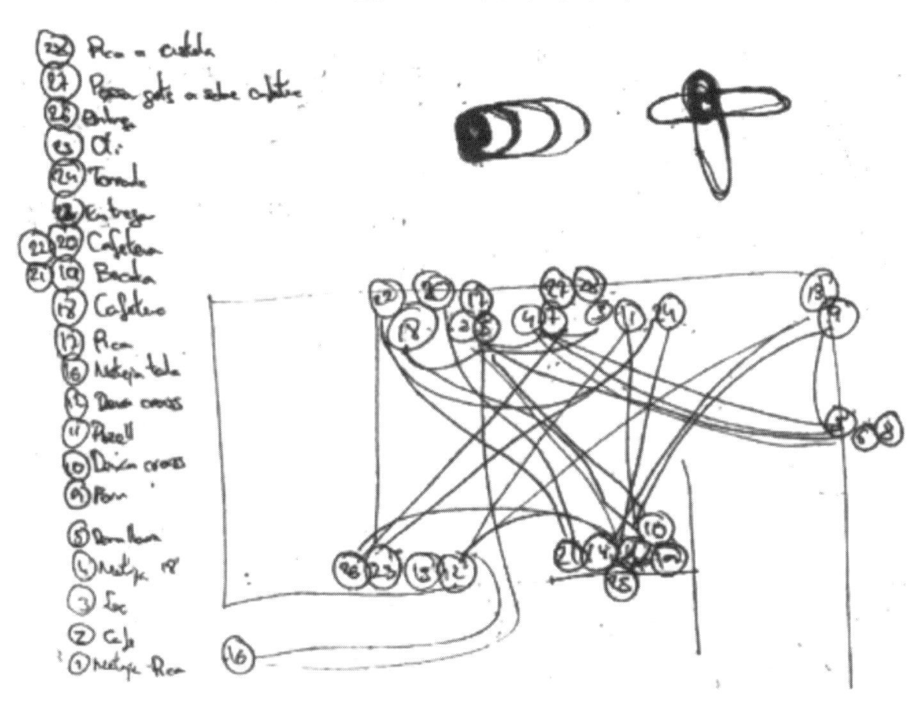

その後、私たちは1つの店舗を一定数の「エリア」に分割することに決め、仕事がエリアごとにどう違うのかに着目して観察しました。各エリアで付加価値をつける「仕事」はどのようなものか。レジ、コーヒー・マシン、店頭ディスプレイ、裏手のオーブンなど、これらの仕事の内容とその仕事に就いている人のやりがい、疲労、満足感の間にどのような関係があるのかを知りたかったのです。エリアを分割するまで、店舗スタッフは休憩もとれない忙しさでした。ランチをとることも、1杯のコーヒー・ブレークもなしだったのです。きちんと運営されている組織なら、あらゆることについて行うべき時間が決まっているはずです。もちろん、働く時間も休憩の時間も。

エリアに分割し、各エリアの仕事の改善案を考えた後、改善案を実行に移すとともに「5S」を始めました。「きれいにする」とは、箒で床を掃くというだけの意味ではありません。もちろん掃除は常にやっていますが、「きれいにする」とは、そこで働く人たちがモノを探しやすい職場、自分たちの仕事を最大限効率良く行う上で障害になっているもの（目に見える物理的な障害物、目に見えないバリアーの両方とも）を発見しやすい職場、それらを取り除きやすい職場として、自らの職場をつくり直していく意味もあるのです。

5Sを進めていくと、悲しい現実が明らかになりました。私たちは「今、自分たちはどれだけ売っているか」という最も基本的なことを知らず、「消耗品の今の在庫を使い切るまで、あと何日か？」ということもわからずに働いていたのです。たとえば、水のボトルです。ところ構わず大量に置いていました。アランチャが「こんなにたくさん水を置いて、どうするつもりですか？」と質問するのですが、誰も答えられません。

「もっと良いやり方」を見つける前に、私たちは、まず「事実をありのままに、よく見る」ことを学ばなければなりませんでした。このためには、それぞれの現場で働いている人々を巻き込んで、一緒に活動していく必要があります。店の仕事を最もよく知っているのは彼女たち店舗スタッ

リーンに取り組む前は、店の至るところに水のボトルや
商品のストックが大量に置かれていた

フで、どうやれば仕事がうまくいくかを知っているのも彼女たちです。私たちは、店の実際の在庫数量と、なぜそんなにたくさん持つ必要があると自分たちが思っていたのかに関して、データを集めなければならず、すべての情報を集めるのには数カ月かかりました。

このようしてに始まった5Sでしたが、実践を通して私たちは棚をうまく使うアプローチを手に入れ、後にそれが私たちなりの「プル・スーパーマーケット」（棚から取り出された分だけ補充する方式）になりました。棚の上も冷蔵庫の中も、今ではあらゆる商品について、それぞれ置くべき場所がはっきり決められています。各ロケーションには番号が振られ、そこに置かれるストックの量もひと目でわかります。私たちの「プル・スーパーマーケット」のほとんどの商品は、品目ごとに1個以上で最大3個まで。残り1個になったら補充します。たとえば、砂糖が残り1袋になったら、トルティーヤが残り1パックになったら、工場の倉庫から2つだけ送ります。店舗のストックは常に最大3個というわけです。

店から工場へ、何を、いつ、いくつ発注するかをコントロールするのがとても簡単になりました。「プル」のオーダーが情報システムに登録されると、店で必要なアイテムが自動的に倉庫へ通知されます。非常にシンプルなので、店頭に3個以上あるのを見たら、理由はともかく、何か異常が起きていると誰でもすぐにわかります。各アイテムがどんなペースで消費されているかもよく見えますから、ストックの量を低く抑えながら店を回していく上で大いに役立ちます。

現在（本書執筆時点）、店舗への配送は一日2回。工場がオーダーを受けた翌日に店へ届けるのが基本ですが、何かが急に必要になった場合に備えて当日中の配送にも対応できるようにしています。当然ながら、日に2回の配送が実務上難しい場合もあります。目下、フィゲラスという町で開店の準備を進めているところですが、フィゲラスはバルセロナから150km。この店への配送は一日1回になるでしょう。

A, B, Cという3つの役割

店舗での仕事のやり方の話に戻りましょう。スパゲッティ・チャートの検証を進めるうちに、私たちは店を「エリア」に分割した方がよいと考えるようになりました。エリアごとに役割を定め、誰が何を担当するかを決めていくのですが、分割前に比べて、より良い仕事のやり方（ミスを防ぎ、疲労を防ぎ、ムダなく速く）を追求しやすくなりました。そして、店舗スタッフの仕事を、A,B,Cという3つの役割に分け、次のように役割ごとの「標準」を定めたのです（現在、ほとんどの店はAとBだけで回っていますが)。

- **役割A**は、「即応業務」の担当です。基本はレジ担当で、レジとショーケースの間に立って働きます。ショーケースにきれいに商品を並べ、常に十分に商品があるように保ち、値札がよく見えるようにしておくのもAの仕事です。Aは、パン、ペストリー、サンドウィッチ、飲み物を売り、「他に何かいかがですか？」とお客様に勧めます
- **役割B**は、レジとコーヒー・マシンの間に立って働き、「時間のかかるタスク」を担当します。Bは、コーヒーをつくり、食器を集めて洗い、サンドイッチをつくります。Bは、倉庫の管理からオーブンまで、店の裏手の仕事全般も担います
- **役割C**は、店の裏手で働きます。店を清掃し、必要に応じてショーケースへの補充を手伝います。Cは、AとBの通常のサイクルに含まれない非定常なタスクを担当します

2人しかいない店では、Aはカウンターでレジを担当し、Bはコーヒーづくり、テーブルの片づけ、裏手の業務全般を担当します。あまり忙しくないときは、AはBを手伝ってもよいのですが、手伝ってよいのは、食器

A＋B＋C方式の担当エリアとタスク

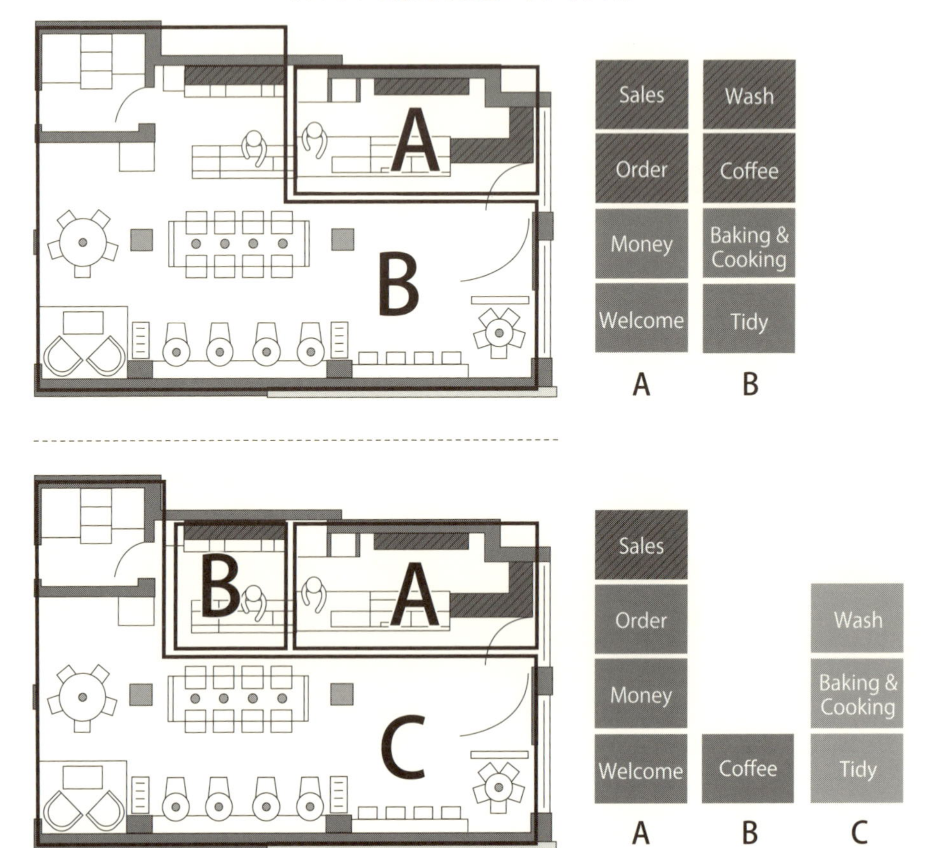

A＋B方式のそれぞれの役割に従って働くポアラとロモナ

を集めて洗うというようなあらかじめ決められたタスクだけです。

始めた頃の話ですが、**A＋B方式**を教えるために、私たちは2つのエリアの間にテーブルを1台置きました。これからはスタッフ2人が決められたエリア（AとB）に分かれて働くのだということを、はっきりわかってもらうためです。彼女たちは常々、隣の人がやるべき作業に「侵入」して働いていました。もちろん、良かれと思ってやっているのですが、実際にはそれが混乱の元だったのです。

A＋B方式をやってみると、以前よりもうまく仕事を管理できるようになり、私たちは「店を回していくのに本当に必要なスタッフの人数は何人か？」ということに集中して取り組めるようになりました。以前は、店の仕事をきちんとやるためには3人か4人は必要と思っていましたが、もはや私たちはそのような思い込みにとらわれません。店舗の状況はそれぞれ違うとは言え、その店にとって本当に必要な「適切な人数」があるはずです。それを探し出さなければなりません。この仕組みの改善を重ねるうちに、ほとんどの場合、適切な人数は2人であるとわかってきました。

だいたいの目算で多目に人を雇ってお金を失うなんて、実にもったいない。私たちは、もうそんなことはしません。店に配置するスタッフの人数は、もっぱら「売れのタクトタイム」に応じて決めます。

近隣に多数のオフィスがあり、ランチタイムに多くのお客様が来店する中心街の店舗でも、シフト当たり1.5人から2人だけで店を回すのは珍しくありません。午前5時から1時までの勤務が1人、午前8時から4時までの勤務が1人、これが第1シフトです。午後2時から午後10時までの勤務が1人、午後5時から午後10時までの勤務が1人で第2シフト。当然ですが、これは個々の店の事情に応じて変わり、曜日によっても異なります。すべては「タクトタイム」に基づいて決まっていくのです。

365カフェのスタッフは全員、他の人から助けてもらわずに自分の仕事をこなせます。仕事の途中で、何らかの情報が足りないと気づいて手が止まったり、誰かに問い合わせて返事を待つこともありません。何か疑念が生じたら、まず「標準作業シート」と「標準作業手順書」をよく見ます。そこには仕事の内容と、店をしかるべく回していく上で知っておく必要がある大切なことが、すべて明快に書かれています。

365カフェにはあらゆることについて「標準」があり、どのタイプのサンドウィッチに何をどれだけはさむかに至るまで、すべて決められています。たとえば、どのツナサンドにも常に同じ量のツナをはさめるように、ツナはあらかじめ同じ重さになるように測り、トングで取りやすいように小分けして供給されます。フェット（カタルーニャ地方の名物ソーセージ）でも同じです。以前は、店舗スタッフが重さを測ったり長さを測ったりしなければなりませんでした。今では、フェットサンドがあらかじめ決められた一定の数だけ売れたら、フェットのパッケージをいくつ消費したかが正確にわかります。

数が合わなくなることはありません。店は、残り1パッケージになったら工場へ補充の要求を知らせます。工場が2パッケージ配送すると、パッケージは合計3つになり、これで約3日分はまかなえます。もちろん、売れ行きが良く、配送を毎日要求する店もあります。

これらの「標準」は、製品1種類ごとに、いくつつくって配送する必要があるかを教えてくれるものでもあります。私たちはこれを週次で計算し、毎日いくつ使われているか、実績のデータを注意深く見ています。この発注の仕組みの利点はもう1つあって、何か問題が起きたり、あるいは問題が起きそうになると、ただちにわかるのです。たとえば、ある店である商品の売れ行きが想定を超えて急に良くなったり、誤って使い過ぎたりしてしまったとき、私たちは即座にその理由を把握し、対策を打てます。店にストックをたくさん持たず、一定量以下に保つことは、私たちが店をうまくコントロールしていく上で大いに役立っているのです。

この仕組みは非常にわかりやすいため、私たちは「自分たちが何を売っているか？」を正確に把握できます。私たちは徐々にフォーキャストの精度を上げて、一日の終わりにちょうどバゲットの棚とショーケースが空になるところまで来ました。しかし、店としては見た目が寂しくなってしまいます。そこで、ほんの少しだけ多目に店に供給することにしました（いずれにせよ、一日の終わりに売れ残ったパンはすべて、ある子供病院へ送られます）。

お客様に近づいていく

仕事をやりやすくし、社員が自分たちの問題への解決策を、自ら考え出すよう仕向けていくのが理に適っているのと同じように、可能な限りお客様に近づいていくのは非常にすばらしいことです。実際、365カフェでは、とてもたくさんの優れたイノベーションが店で起きていますが、これは当然です。店こそお客様が求めているものを知ることができる場所なのですから。「お客様が価値と考えるものは何か？」ということが、私たちの変革を導き、絶えず正しい方向を指し示してくれるのです。

私たちはお客様を、私たちの改善とプロセス構築に巻き込み、関与してもらっています。もちろん、製品開発の際はお客様を試食会にお招きし、お客様の声と要求を必ず考慮します。こうすれば、私たちがつくる製品を、お客様が求めるものによりピッタリくるものにできるでしょう。「どのような商品を当店で売ってほしいですか？」とお客様に尋ねる提案ボックスも、365カフェでは全店に置いています。

365カフェの製品が市場でどのように受け止められているかも、私たちは常に注意深く見ています。新しいペストリーやパンを売り出すときはいつも、全店へ展開する前に1つの店舗で売ってみて、売れ行きをよく分析します。私たちはそのためのプロセスも持っていて、「実用最小限の製品（MVPs：Minimum Viable Products）をつくる」という方法[2]でテストし、チェックし、学んでいくのです。

新製品の開発が進み、それぞれの製品をいくつつくるべきかを検討する段階に至ったら、生産担当マネージャーが決定を下します。私たちは直近3週間の売れ行きに基づくフォーキャストを用いていますが、これは、需要を満たしつつ店から返品される売れ残りを抑制するように、各製品の生産数量を算出するものです。365カフェでは、その日に店舗で売れ残ったパンはすべて工場へ戻していますから、返品を少なくすることは重要です。このほかに、季節変動のようなさまざまな要因も計算に入れます。7月、8月、9月の前半は学校が休みで、ファミリーはバカンスへ出かけま

2　MVPs（Minimum Viable Products）：新製品や新サービスを開発する際の考え方と手法。「実用最小限の製品をつくる」という意味で、リーン・スタートアップで提唱され、世界に広まっていった。

すから、セールス面では最も良くない時期です。

店の成否を決める最も重要な要因は立地でしょう。新店舗の立地を決める段階になったら、まずバルセロナの地図を見て概況をつかみ、当該地域について細かく調べていきます。そこは角地か。大きな交差点を見渡せる場所か。多くの人が歩いて渡る交差点か。歩行者専用の道か、歩行者がまったくいない道か。住宅街か、ビジネス街かというような事項についてです。

当然ながら私たちにとって、競争相手に後れを取らないことも非常に大切です。競争相手はいくらでパンを売っているか。そのパンのクオリティはどうか。私たちは常に調べています。もしみなさんがわが家にいらしたら、バルセロナ中のパン屋さんから買ってきた大量のパンを目にするでしょう。すべて365カフェ以外のパンですが。

お金の面では、私たちが価格を抑えながら高いクオリティのパンを提供していく上で、リーンと、ファン・アントニオの優れた交渉力が助けになっています。プラダの商品をZARAの価格で売っているようなものです。しかし、私たちの価格-クオリティ比が非常に良いとは言え、バルセロナでおいしいコーヒーとおいしいパンを提供しているのは365カフェだけではありません。

365カフェを他のカフェ・チェーンとは違ったものにする、いわゆる「差別化要因」は、お客様への私たちの接し方であると私は信じています。365カフェの接客が優れているから、他のチェーンよりも高く評価していただいていると思うのです。

店には「近所のいつもの溜まり場」になってもらいたい、お客様の名前を知っているスタッフが挨拶し、個人としてのつながりを持てる場所になってほしいと私たちは願っています。最近オープンした店は特にそうですが、365カフェの店舗は若い人向きで、おしゃれに見えるでしょう。しかし、それだけでは「いつものあの店」にはなれません。そのためには、スタッフがお客様に「ワオ！」という感動や「いいなぁ」という気持ち、365カフェを訪れてよかったという喜びをお届けできるようにしていかなければなりません。

それが実際に起こりつつあることに、私たちも驚いています。365カフェのバッグをバルセロナのあちこちでよく見かけるようになってきたのです。初めて見たのはビーチでのこと。信じられないような気がしました。私はとても誇らしい気持ちになり、写真を撮ってフェイスブックに貼ったものです。

リーン・コーチ２人の日々

コーチとしての私たちのミッションは、365カフェの人々とともに歩むことです。みんなにやる気を出してもらい、一緒に歩む「リーンの旅」の道案内をするのがコーチの役割です。これを実現するためには、「リーンによって何を達成しようとしているのか？」「人々に参画を求めるのはなぜか？」ということを、みんなによく理解してもらうようにしなければなりません。私たちが人々を信頼しその力を信じていること、そしていつも彼女たちとともにあることを、常に態度と行動で示す必要があります。

そのため、私たちは1週間に1回は各店舗を訪問するようにしています。訪問間隔が長くなってしまったとしても、少なくとも10日に1回は必ず行きます。店舗のパフォーマンス評価に使っているシステムによって、「どの店の、どのチームが私たちの助けを必要としているか？」はすぐにわかるのです。

店舗で起きていることを、包括的に理解する手段を私たちはたくさん持っていますが、最も役立つのはおそらく「レビュー」でしょう。店では、朝に1回、午後に1回、チェックシートを使って自ら状況をチェックします。このチェックシートは、私たちコーチが店の状態を把握し、店舗内で何がどう動いているかを理解する上で助けとなります。

コーチは、店に行くと必ずコーチ用チェックシートを使ってチェックします。コーチ用シートには店のスタッフが使うシートと同じ項目に加え、10～15の追加的な質問が含まれています。コーチは自分たちのチェック結果と店舗スタッフの自己チェックを比較します。両者に違いがあったら、それがどんな違いであってもコーチはそれを「問題」と認識し、店舗スタッフと話し合います。さらに、365カフェではエミとファン・アントニオ、店舗マネージャー、コーチが集まって週次ミーティングを行っていますが、その場でチェック結果の違いについて話し合われることもあります。

この週次ミーティングでは、各店舗の売上、来店客数、平均客単価の目標と実績を見て、店舗ごとにパフォーマンスを評価します。私たちは非常にシンプルな「目で見る管理」をやっていて、当該週の結果に応じて、各店舗はボード上の緑のエリアか赤のエリアのいずれかに貼りつけられます。疑問の余地のない明快な仕組みです。緑は良い、赤は良くない。必ず緑か赤のどちらかで、「中間」はありません。これが私たちのやり方で、うまくいっていないことを即座にわかるようにして、マネジメントのレベルで問題として取り上げ、対応していくためにこうしているのです。

しかし、私たちが責務を果たすために欠くことができないのは、何と言っても店舗スタッフの協力です。彼女たちこそ、毎日店で実際に働いている人たちですから。毎朝、店長は短時間の朝礼を行います。朝礼では、問題について話し合い、現状と目標の間のギャップを分析しますが、もちろん、何か心配事や懸念を持っているメンバーがいたら、それも取り上げて話し合います。スタッフが最も積極的に参加してくれるのがこの朝礼のときで、問題を提起し、対策を提案してくれます。

リーンのおかげで、私たちは、問題を自らすばやく簡単に見つけ出せるようにしてくれる「仕組み」を持つことができました。社員は全員、自分たちは問題があったら旗を上げる（問題を提起する）ことを許されている[3]——むしろ「奨励されている」と知っています。社員が「これは問題だ」と教えてくれなければ、会社は問題の存在を知ることも、改善することもできないのです！

3　許されている：日本以外の国々の一般的な組織のカルチャーでは、「問題がある」ことを指摘する行為はあまり歓迎されない（昨今は日本でも同様かもしれない）。「許されている一むしろ奨励されている」ことを従業員が知っているという企業カルチャーは、（諸外国では）驚きをもって受け止められる。

ものごとをよりシンプルに、より小さな単位で扱うと、チームによる解決がやりやすくなります。店長がチームの問題解決を助けることもよくあります。店舗のチームは、自分たちだけでは解決できない問題だと思ったら、いつでも本部に助けを求めることができます。本部のコーチや関係者が現場へ行き、店舗のチームが直面している「障害物」を彼女たちが自ら取り除くのを助けます。

私たちは、店舗で起きていることをすべて、あまり重要ではないように見えることであっても、何もかも知りたいと思っています。実際、私たちは店舗で起きたあらゆる問題を追跡し、苦情や不満の１つひとつを分析し、研究してきたのですが、その学びの蓄積のおかげで、今ではさまざまな問題現象にすばやく対応できていると思います。たとえば、商品を店舗へ配送する人が台車をウィンドウにうっかりぶつけてしまったことがあったら、私たちはその件に関して知りたいと考えます。仮にお客様が店でお財布を盗まれたとしたら、やはり私たちはそれについて知ろうとします。

店舗で起きるさまざまなことについて知識を蓄積し、あらかじめいくつもの現実的な想定をしておけば、仕事の予測可能性が高まります。私たちは、店舗でどんなことが起こりやすいか、何に注意すべきかを知っており、未然防止に役立てています。このおかげで365カフェの店舗では「緊急事態」はほとんど生じませんし、スタッフがパニックに陥ることもありません。

「今、仕事はどうなっているか？」「起きる可能性のある問題は何か？」というような先を見越したプロアクティブなレビューは、仕事への最も良いアプローチ方法です。店舗スタッフはこのような意識を持って、短時間の朝礼で「必要な消耗品はすべて揃っているか？」「昨日、何か問題はなかったか？」「オーブンの焼き上がりは良かったか？」「店は混んでいたか、空いていたか？」「今日の売上目標は？」などを話し合っています。

私たちは、人のスキルには２つの面があると考えています。１つはテクニカル・スキル、もう１つは感情に関するスキルで、これを「ソフト・スキル」と呼ぶ人もいます。感情に関するスキルは、お客様に日々気持ち良く感じていただくほか、チームとして働く能力を高める上で重要です。

テクニカルな面で仕事をやりやすくするためには「標準」がありますが、コーチとしての私たちの責務は人々の感情に関するスキルを育むことです。スタッフたちは実際によくやっていますから、まずそれをしっかり認めることが大切です。しかし同時に、まだ改善できる可能性があるということも正直に伝えなければなりません。人の能力を引き出し、成長を助けたいなら、他の方法はありません。

新人の中には、働き始めの頃は戸惑う人もいます。365カフェではあらゆることが他所と違っているからです。多くの人にとって「今までの経験は忘れてください」と言われているような感じがするらしく、最初のうちは「これでいいのかしら。クビになってしまうのでは……？」と不安に思うのかもしれません。これこそ、私たちが「ベイビー・プログラム」と呼ぶ育成法を始めた理由です。

新人には必ず、「マザー」の役割を担うマネージャーがつきます。マザーとは、文字通り新人の面倒をよく見て、毎日対話を重ね、仕事を説明してやってみせ、「新たなベビー」のそれぞれの能力が健全に花開いていくように促す人です。

チームワークと人間性尊重の重要性をスタッフに教えることは、私たちにとって実務的なスキルを教えるのと同じように大切です。これらをすべてうまくやれたら、いつの日か、365カフェの全従業員がほぼ自律的に働けるようになり、私たちの助けがなくても自分たちの問題をどんどん解決できるようになるでしょう。私たちはそれを願い、私たち自身をできるだけ「要らなくて済むようにするために」毎日頑張っているのです。

コンチ・エスカーダ・モヤ

エヴァ・フェルナンデス・リャゴステラ

365カフェ リーン・コーチ

第4章

「究極のリーンの実験」をベーカリー店舗で行う

この本を書いている現在、私たちは3つのタイプの店舗を持っています。

- 工場で仕上げの手前まで焼き上げたパンを供給される店舗。パンはプラスチックの袋に入った状態で店に届き、店では仕上げに12分間の焼成を行います
- 冷凍生パンの状態で供給される店舗。最終発酵と焼成を店で行います
- パンを最初からつくる店舗。これは私たちの店舗の新たなモデルで、目下取り組んでいるところです

私たちは、この新しいタイプの店舗を実験として2015年にスタートさせました。この店にはパン職人が1人いて、道行く人々がパンづくりの様子を見られるようになっています。一般的にパンづくりは店の裏手で行うものですが、レストランのオープンキッチンのように、この店では外から見えるようにしました。この実験の背後には、質の高いさまざまな種類のパンを、必要に応じて適切な分量でつくれるようにしたいという考えがあります。この新店舗では、そのまま24時間発酵させます。このことは、イースト菌と添加剤をたくさん使わずに質の高いパンをつくれることを意味します。

これは、食品・飲食業界のほとんどの企業が今までやってきたこととはまったく違います。ずいぶん長い間、優勢とされるビジネス・モデルは、セントラル・キッチン、あるいは1カ所に集約した工場で加工を行うのを良しとしてきました。「規模の経済」を最大化する、つまり「まとめてつくれば安くなる」という考えからです。しかし、どうでしょう。パンを一度にまとめてつくれば、生産に使うお金は安くなるかもしれませんが、その分だけ仕事が複雑になり、包装・運搬・ロジスティクスに関連する経費が増えて、大量生産によるせっかくの製造コスト削減が帳消しになることがしばしば起こります。

ファストフード店は、また別のモデルと言えるでしょう。彼らは、シンプルで効率的な組立工場のようなやり方でファストフード産業を進化させてきました。バーガーは工場から届けられ、それを3分加熱してお客様に提供するようなやり方です。しかしその一方で、さまざまな添加物を大量に使い、自ら製品の健全性を犠牲にせざるを得ませんでした。

このようなことも、今では産業レベルで変わりつつあります。食品に関する顧客の期待とカルチャーは変化し、人々は地産地消や有機栽培、より健康的な食品に関心を寄せ始めています。自分たちが口にする食べ物に何が含まれているのかを知りたいと考えるのも当然のことでしょう。

365カフェの新しい店は、隠し事が一切ない店にしていくつもりです。店の裏手や工場でつくるパンはもう並べません。そんなところでつくっていたら、私たち以外の人には見えません。これからは、売っている場所から2mしか離れていないところでつくったパンだけが、店に並ぶようにしたいのです。私たちの考えは、ある意味で、昔ながらのパンづくりに戻ろうということです。

お客様は、母親のキッチンで過ごした頃を思い起こすでしょう。それこそが、私たちの追求する家族的で温かなベーカリーです。これは、私たちのパンがどのようにつくられているかを見て、実際に食べてみた人が増えるに連れて、365カフェのイメージにポジティブな影響を与えていくはずです。

しかし私は、この新たな実験の中で最も重要な要素で、おそらく今までに私たちが経験したことのない最大の変化は、価値を生むプロセスを可能な限りお客様の近くに持って来たことだと考えています。お客様の需要の変化にうまく対応するための決断でしたが、「ムダを省く」ことと「お客様に近づいていく」ことの相互の関係をもっと直接的にはっきり理解できるようにするためでもありました。

詳しく説明しましょう。

「ムダを省く」とは、組織を良くすることを意味し、それがリーン・シンキングの最も基本的な原則であることには誰もが同意するでしょう。より良い仕事のやり方に変えていけば、より良いサービス・製品をお客様に提供することにつながります。365カフェは停滞を減らして流れをつくるところから始めましたが、とうとうメインの価値創造のプロセス（つまり、パンをつくる）を店に持ち込み、添加物が少なく健康に良い、つくり立てのおいしいパンを売ろうとするに至りました。

工場でやっているパンづくりは、店でのそれとはまったく違いますが、両者の背後にある考え方と重視する価値は同じです。つまり、ムダを省いてお客様に届ける価値を増やすこと。工場の限られたスペースをうまく使うためにレイアウトを変えるのであれ、店のカウンターの中で常連のお客様に直に接するのであれ、私たちのゴールは同じです。

「すべては結果だ」と私はいつも言います。

365カフェをもっと良くすること、付加価値をつけない作業やムダを省くことは、結果的にお客様との関係をもっと近しいものにします。お客様の要求にもっとすばやく対応し、満足していただけるようになるだけでなく、お客様との間により確かな絆を築き、お客様が何を価値と見ているかをもっとよく理解できるようになることです。そうすれば、お客様にさらに多くの価値を提供できるようになるはずです。

たとえば、今や実験店は十分なフレキシビリティを持つようになったことで、お客様のさまざまなニーズに応えられます。食塩を使わないパンとか、グルテン・アレルギーの人々のためのパンなど特別なパンを提供できます。さらに、お客様1人ひとりに特化したサービスも提供できます。もし「家でガリシア・パイ（エンパナーダ）をつくりたいから、パイ生地を1kg売ってください」と言われたら、それも対応可能です。

私たちの究極のゴールは、「お客様がほしいものをつくる」に尽きます。私たちは、この新タイプの店がすてきなパン・ブティックであり、同

通りから見える「ミニ・ファクトリー」を新店舗で実験中。

時に温かな近所の溜まり場であるような場所になれたらすばらしいと大いに期待しています。

どんなプロセスか

「いったいどうしたらそのやり方で利益を出し、規模の経済を奉じるライバルたちに伍していけるのか？」と感じる人もいるでしょう。はるか昔、トヨタは小さな会社でした。自分たちよりずっと大きく、力のある自動車メーカーと競っていく必要に迫られ、トヨタが工夫を重ね、築き上げてきたのが「リーン」です。私たちは彼らの足跡をたどったのです。

新しいモデルの店を始めてから最初の数カ月、店の業績は散々で、お金が出ていく一方でした。店は労働者階級が住む街にあり、旅行者もいません。他の店より難題が1つ多い立地だったと言えます。しかし私たちは、ここでの経験から得られるはずの学びは、必ずやこの実験をやってよかったと思わせてくれるだろうと信じていました。道を誤らずやり遂げることができて、うれしく思っています。何度もPDCAを回して利益を出せるようになったところで、私たちは2つ目の実験店をオープンさせたのですが、2店目は最初から利益を出せました。

365カフェの創業の頃、私たちにはごく限られた狭いスペースしかなく、それゆえ、ものごとをできるだけシンプルにせざるを得ませんでした。私たちは、改善を今後とも招来すべく、「シンプルにする」というアプローチを今も採り続けています。このアプローチこそ、365カフェの成長の源泉なのです。自分たちが良くならなければ、新しい店も利益を出せないことを私たちは知っていました。

私たちは、この駆動装置（困るからこそ改善のニーズが生まれるという改善の原動力）を工場の改善に当てはめます。来年さらに10店舗オープンさせたいなら、その10店に問題なく供給できるようになるまで、工場の仕事のやり方を改善しなければならないことを私たちはよく知っています。私たちにとって、成長は改善の動機であり、改善は成長の推進力です。両者は相互に関連し、強化し合っています。

私たちの業界で長年、良しとされてきたアプローチは、巨大な工場で大量生産方式によって製造したパンを冷凍し、店に届けるというものです。生産量は非常に多く、1時間に5,000ローフにも達します。この結果、運搬・包装・保管のコストは高くつくことになります。一方、365カフェの新店舗はまるで逆の問題を抱えていました。不要なコストはすべて省いていましたから、工場から運び入れるのは小麦粉だけです。包装もしませんし、保管用の冷凍庫も要りません。しかし、1人のパン職人がつくれる量には限りがあり、それを超えてつくることはできないのです。

私たちにとって、これこそまさに改善しなければならない大問題でした。パン職人の生産性を上げなければ、モデル店舗は利益を出せません。パン職人の作業をもっとやりやすくするのはもちろん、彼が作業するモデル店の「ミニ・ファクトリー」をうまく運営するために、バックヤードのレイアウトはいかにあるべきかに至るまで追求を続け、何度も、何カ所も変更する必要がありました。これはプロセス自体の大変革でした。何しろ、モデル店以外の店はすべてプリ・ベイク、もしくは完成品の冷凍状態でパンを供給されているのです。生地からパンをつくるというモデル店のやり方にぴったりくる手順とレイアウトを見つけるまで、かなり苦労しました。このときの経験が教えてくれたのは、「どんなときでも、1つひとつの状況と全体の状況をよく見て、いずれも学びの機会としてとらえよ」ということでした。私たちは今もその教訓を守っています。

利益を出せるようになるまでロジスティクスと店のレイアウトには苦労しましたが、お客様に近づけたこと、お客様の実需と期待にすばやく応える能力を今回新たに得たことは、お金では買えません。たとえば天然発酵です。すでに述べたように、天然発酵の方がおいしくなるのですが、今の工場ではできません。工場は夜間もずっと稼動し、代わる代わる用途を切り替えてスペースを使っていますから、長時間天然発酵させるだけのスペースの余裕がないのです。しかし、モデル店なら、それができます。

モデル店をオープンしたとき、パン職人は2人でした。朝のシフト1人、午後のシフト1人です。改善を重ねたおかげで、首尾良く生産性を上げることができました。しばらくの間、パン職人には毎日9時間から10時間働いてもらわなければなりませんでしたが、パン職人の技能を高め、システム全体を良くして店が利益を出せるようにするため、プロセス改善を続けた結果、労働時間は日に8時間になりました。

まず、パン職人が行うすべてのタスクをよく観察し、整理し、再定義しました。パンの材料1つひとつについても、本当に必要な量はいくつかを改めて決めましたし、全種類のパンについてしかるべき手順とタイミングを精査しました。さらに、パン職人が作業する空間を、生産で言うところの「セル」のような環境につくり変えていきました。

私たちが目指していたのは、流れをつくり、すべてのタスクの手順を明確に定め、定めた通りにムリなく作業できるようにすること、そして、何者にも邪魔されずにモノが「価値の小川」をスイスイと流れていくようにすることです。

新たに設備を入れ、作業台も交換しました。設備の高さに合わせるために特別に加工してもらった作業台もあります。必要なモノは、すべて箱に入れて設備のすぐ隣に置きます。私たちは「ミニ・ファクトリー」ですべての種類のパンをつくりたいのですから、さまざまな配合のパン・ミックスをつくり、寝かせたり運んだりする必要があります。そこで、パン・ミックスを運ぶのに台車を使い始め、パンをオーブンへ運ぶのにも台車を使うようになりました。

すべては「シンプルにする」ことに尽きます。煎じ詰めれば、パンをつくるのに必要なのは小麦粉と水だけ。モデル店では、私たちが小麦粉を運

パン職人のタスクを分解する

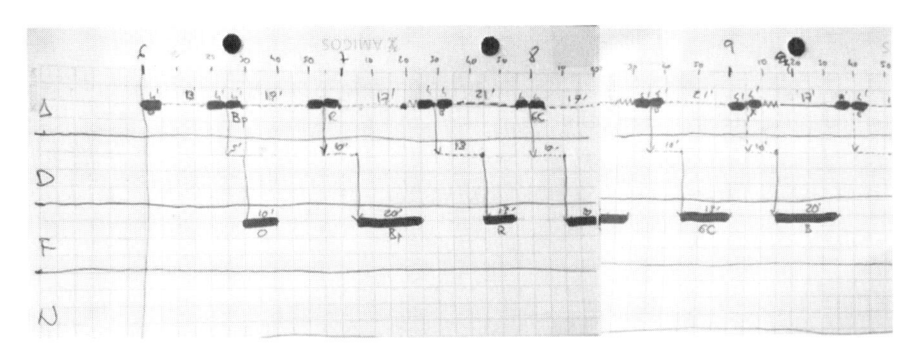

観察時の手書きのタスク分解

Hour	6	7	8	9	10	11	12	…
Mix	O B	R B	6C B	E X	B	I P		
Divide	O	B R	B 6C	B E	X B	I	P	
Form	O	B R	B 6C	B	E X	B I	P	
Proofer	24h							
Oven	R	big small	big small	R big small		big small	R big small	

説明用に書き直したタスク分解

び込んだら、後は、パン職人が自らの労力を使って小麦粉を水と混ぜ、パンに仕上げていきます。私たちの役割は、パン職人が最もやりやすく、ムダのないやり方で作業を続けられるようにすることです。

モデル店のパン職人は、それまでリーン・シンキングを活かして何かをやってみるという経験はなかったのですが、しばらくすると、モデル店のためにつくった「標準」に従うようになり、パンをつくるのに必要な時間を自ら測り始めました。彼もまた私たちのPDCA思考に参加してくれるようになったのです。私たちは彼に、「このパンづくりのプロセスを毎日8時間でやれるようにしたい。そのためには、あなたの助けが必要なのです。私たちは常にあなたの側にいて、あなたが必要と思うことなら、どんなことでもサポートを惜しみません」と伝えました。彼はこれをよく理解してくれて、それ以降、目標達成に向けて小さな改善を積み重ねていく「継続的改善」を意識しながら、非常に真剣に取り組んでくれました。

新しいシステムのおかげで、彼はより良いワーク・ライフ・バランスを手に入れ、仕事の性質も一変しました。彼はこの経験を通して「実験は良いものだ。自分のためになる」と実感したようです。普通ならパン職人は、日中に売るパンをつくるため夜働くのですが、モデル店のパン職人は午前6時から午後2時までの勤務です。この間に、前の日につくって発酵がちょうどうまく上がった状態の生パンを焼き、翌日のための生地をこねて成形します。

最終的には製品のほとんどを、店で生地からつくれるようにしたいと私たちは考えていますが、モデル店ではこれまでのところ、パンだけに集中して実験してきました。パンのプロセスが最も複雑だからです。店でのパンづくりが安定してきたら、ペストリーやケーキを店の「ミニ・ファクトリー」で、売れに合わせてうまくつくる方法もきっと見つけられるでしょう。

クロワッサンは、三角形の生地の状態で届け、店でパン職人がクルクル巻いて焼き上げるようにする計画です。ケーキづくりもすべて持って来るつもりです。クリーム用泡立て器はすでに持っており、ケーキづくりに必要なスペースも十分あります。モデル店1軒だけですから、ケーキづくりの目標は日当たり5個（これに対し、工場では日当たり500個から1,000個のケーキをつくっています）。したがってモデル店に冷凍庫は不要で、現在、店にある冷蔵庫で十分です。

このシステムの課題の1つは、パン職人にとってやりやすくするのと、お客様に好感を持っていただける綺麗な「ミニ・ファクトリー」にするのとを、うまく統合していくことです。バランスをとるのは難しく、残念なことに、両者はしばしばぶつかり合います。私たちはお客様を忘れて、自分たちのプロセスを良くすることだけを考えるわけにはいきません。そんなことをしたら、実験全体が台無しです。そこで、目下のところ、元の生産性を犠牲にすることになるとわかってはいるのですが、見た目との妥協点を求めて、ついつい機械をあちこちへ移動させたり、脇へ追いやったりしています。

いずれにせよ、お客様のためという意識で自分たちのパフォーマンスを良くしていくなら、パン職人が何をやっているのかを、リアルタイムで外から見るお客様に好感を持っていただけるようになるでしょう。現在、パンを売る店はたくさんありますが、私たちは、今自分たちが取り組んでいるこのやり方こそ、どこにも負けない競争力を獲得し、お客様に価値を認めていただける優れたパンづくりを築く道と考えています。

適応可能なサクセス

プロセスは必要に応じて何回でも変更できますが、市場で起きていることを見失ってはなりません。今起きている現実をよく見て理解するのが肝心であり、リーンはそれに適応していく柔軟性を与えてくれるものです。リーン・シンキングなしにモデル店をうまく回していくのは不可能だったし、実験も全体として失敗に終わっていたでしょう。多くのことを変えてきましたが、改善の可能性は常に存在しています。改善の可能性とは、同じコストで生産性をさらに上げることです。

モデル店は一定の成功を収めてきました。今後、他の365カフェの店舗もこの方式へ転換していくつもりです。私たちは長年にわたって工場に頼り切りでやってきましたが、新たなビジネス・モデルでは、工場は存在意義を失うことになります。店が自律化する一方で、工場は冗長なもの、つまり、店に商品を供給するだけの物流センターに過ぎない存在になるのです。工場が商品の積み替えを行うクロス・ドックになったら、扱うのは、飲み物やパンの原材料の粉など外部からの調達品だけになるでしょう。

これは、カタルーニャ地方の外に出て、さらに成長したいという私たちの展望に非常によく合うものでもあります。この新方式で店の柔軟性をさらに高めていけば、工場を新設することなく、スペイン各地へ、さらには国外へも、365カフェを展開できるでしょう。工場新設には大きなお金が必要で、運営も大変です。工場でパンをつくり、冷凍し、冷蔵トラックで出荷するのは可能かもしれませんが、質の高いパンをお客様がちょうど必要な分だけお客様の近くでつくるなら、ロジスティクスも要らないし、コストも低く抑えることができます。私たちにとって、とても好ましい構想なのです。

まったくもってシンプル。これは、私たちにできる「最もリーンなこと」でしょう。私は、この新モデルの店を今までの学びの集大成と見ています。もちろん、「学びはこれでおしまい」と言うつもりはありません。店は、リーンな組織として私たちが成熟していく過程を映す鏡です。私たちは、ムダを省いてプロセスを改善すればお客様に近づいていけると信じてやってきましたが、加えて、従業員たちがオーナーシップを持ち、自律的に働けるよう努めてきました。

ごく最近まで、私たちは大量のパンを工場でつくってきました。しかし、今や店でつくる製品を徐々に増やそうとしているのですから、良きリーダーとしての大きな責務の1つは、細かいことまでいちいち指示したい、何もかもコントロールしたいというマイクロ-マネジメントから脱却すべきときを正しく知ることです。サンドウィッチでずっとやってきたのと同じです。私たちは、365カフェの社員ならやり遂げられると信じています。

今では、365カフェの価値創造の核心として店を位置づけることの重要性に、私たちは気づいています。今まで店ではやっていなかったさまざまなタスクを、新たにやってもらいたいという話ですから、必然的に、スタッフを信頼して仕事を任すことができるようにするにはどうしたらよいかをさらに研究しなければなりません。パンを売るだけでなく、調理するのもパンをこねて焼くのも、店の仕事になっていきます。これから展開する「リーンな店舗」は、今後の365カフェの象徴です。店で働くスタッフには、その象徴に欠かせない積極的な一員であってほしいと願っています。

第5章

今までとは違うマネジメントの文化を築く

改善を思い立ち、職人さんたちの作業の時間を測り始めると、最初のうち彼らは心の中で、「あの人たちは私たちを奴隷とでも思っているのか？」とか、「私たちのことを誤解している」「トイレに行く時間まで削られるのではないか？」と感じるものです。

新たな仕事のやり方を持ち込むと、初めは疑念を持って迎えられますが、しばらくすると見方が徐々に変わってきます。人々は依然として懐疑的なのですが、とにもかくにも、ものごとは進んでいく。ほどなくして人々はリーン・シンキングのおかげで自分の時間を取り戻せたと気づき、新しいやり方に熱心に取り組むようになるものです。ただし、こういうことは組織の上の方にいる人たちが、生産担当マネージャーから経営者に至るまで働く人々の声に耳を傾け、心から深い関心を寄せていないと実現できません。

リーンな組織

これが肝心なところで、リーン・マジックを起こせるか否かはここにかかっていると言ってよいでしょう。機械は突然のトラブルで止まることがあります。そんなとき、社員が「上の人であるあなた」が何とかしてくれるはずと思っていれば、すぐにあなたに知らせてきます。何か問題が起きたとき、あなたを信じ、問題を提起してもクビになったりしないと安心して報告できるなら、彼らは言い訳を探す必要もなく、率直に問題について話してくれるでしょう。

「リーンな組織」にいる人々なら、上司が近づいて来たから取り繕わなければと感じることは決してありません。居心地の悪さや、やりにくさを感じることもないはずです。何しろ、良くないところがあれば直せばいいのだし、ミスは起きるものかもしれないけれど、次にもっとうまくやるための学びの機会になると了解していますから。

午前９時半に立ったまま行う工場のミーティング（朝礼）

「リーンな組織」では、問題提起は歓迎されるばかりか奨励されます。何かがしかるべく機能しないということがあれば、人々は恐れることなく報告します。上司やサポートスタッフは自分たちのためにそこにいるのであり、自分たちを助ける準備が常にできていると信じているからです。工場では毎朝9時半に立ったままミーティング（朝礼）を行い、前の日に発生したミスや他の問題について話し合います。機械の調子が悪いとか、生産が遅れそうだという話をはっきり言わないのは許されません。

店舗の朝礼は午前6時から。店長はこんなふうに話します。「昨日起きた問題を考慮して、今日はこうしましょう。みんなで話し合ったことを覚えていますか？　これは問題を直して良くするためで……」

マネジメントの仕組みとして、朝礼の間に解決策が見つからなくても構わないから、どんな問題でも提起するように仕向けています。店長と店のスタッフだけで解決策を見つけられなければ本部に連絡し、スーパーバイザーが駆けつけますが、私たち経営トップが直接出向くこともあります。

私たち経営層は、管理者が自ら問題解決に取り組むよう励まし、うまくいったら誉めます。しかしそれは、管理者が苦しんでいても助けないという意味ではありません。私たちは常に助けるつもりでいるし、実際に助けているのですが、同時に、匙で何かを食べさせるような答えの与え方をしないように気をつけています。私たちがそれをやれば、管理者が学べなくなるからです。管理者の役割とは、担当エリア全体をよく見ること、そして、部下ができる限り良いやり方で働けるように助けていくことだけです。

店舗への配送ミスを減らそう

問題をしっかり把握し議論していかなければならない喫緊の課題の1つは、個々のお客様から届いた苦情を1つひとつ紙に書き、そのすべてを工場の入口、すなわち出荷便への積み込み作業を毎日行う場所の壁面に貼り出すことです。欲しかった飲み物が1缶なかったという苦情から、パンがほんのちょっとだけ焼き過ぎだったという不満まで、どんな内容も問題として貼り出しています。

工場から店へ日々27万点も配送していることを考えれば、110件から120件の苦情は大したことではないと感じるかもしれません。PPMの世界（Parts Per Million：100万件のうちミスが数件というレベル）へ近づきつつあるのは確かですが、私たちは間違いや問題を1つひとつ真剣に取り上げています。たとえば、バゲット1個が焼き過ぎだったという苦情があれば、「バゲット15,000個が焼き過ぎだった」と書くほどです（15,000個とは、うちの工場の毎日の生産量）。こう書けば、誰もがその問題の大きさに気づくでしょう。完璧さの実現は非常に困難ですが、難しければ難しいほど、常に挑戦していかなければなりません！

問題解決のフェーズでは、その問題現象を引き起こした可能性のあるものは何か（102, 103ページの『A3レポートの例』を参照）のほか、プロセスの中のどこで間違った方向に行ってしまったのかについて分析します。倉庫で生じる問題は、いつものことと言っていいくらい頻繁にあります。製品を運んだり触ったりすればするほど、製品がダメージを受ける機会も増えます。

こういうことがあると、人はまず倉庫のスタッフを責めるのが普通です。そんなとき、私たちはみんなに対して即座に、問題を起こした部門は私たちの助けを本当に必要としているのだということ、とりわけ、問題の多くは実際には上流に原因があって生じていることを考えれば、倉庫を責めるだけでいいはずがないこと、あなたのせいだと言って他者を責めるのは365カフェのやり方ではないことを思い起こさせるよう努めています。さらに彼らに対し、「解決すべき問題があります」と単に報告するだけではなく、アイデアや対策をどんどん提案してほしいと励ますのです。

店舗への配送ミスを減らそう

① プラン・ステートメント

- 正しくないやり方でお客様／店舗へ届けてしまうことがある
  ⇨ 信頼性が低い
- 何か配送されないものがあると、記録は変更されるが（現物に合うように伝票は更新されるが）、店舗はそれを知らない。単に少ないまま受け取るだけ
- アイテムを探すムダな時間、再送のためのリワーク、緊急出荷
- 配送ミス 2011 年 1 月の実績　平均 5.3 件 / 日（最大 8 件 / 日）

目的：　リワークが必要な配送ミスを80%減らす

② 当初の状況

2011 年 1 月配送ミスの発生状況

要因	購入品		社内生産品		計
	食品	食品以外	日次生産しているアイテム	日次生産ではないアイテム	
クオリティ			8		*8*
在庫がない	20	7	31	13	*71*
管理上のミス	1			1	*2*
計	28		53		*81*

ミス 商品種類別パレート図
—2011 年 1 月

ミスの原因の 65% は生産の責
- 40% … 日次生産のアイテム ⇨ **これはいけない！**
- 25% … 日次生産ではないアイテム

倉庫のミスが 35%（購入品）
- 10% … 食品以外
- 25% … 食品 ⇨ **これはいけない！**

10 日間で
- 4 件 シュガー
- 3 件 ティー・バッグ
- 2 件 ジャム
- 2 件 ミルク
- 2 件 バター
- 2 件 キャンディ
- 2 件 クリーニング・パッド
- 2 件 カカオ
- 2 件 トイレット・ペーパー
- 7 件 その他

ミス 要因別パレート図
—2011 年 1 月

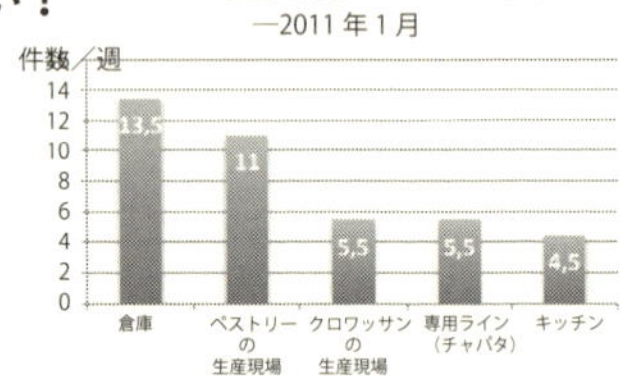

の例

2011 年 02 月 アグスティン・テナ

③ こうなりたい・こうしたい（対策）

1
ペストリー：ミルク・ラン化
（現在はオーダーごとに毎回 Point-to-Point）
ペストリー：Excel シートに箱の数を追加
ベーカリー：納品される製品の数をチェックする

2
ヴァロンラット → 5S
フロゲ　→ サプライヤーと話し合い
ノベル　→ 納品日の変更
パスカル　→ サプライヤー変更
キャンポフリオ → サプライヤー変更
フロゲ　→ 出荷のたびに毎回チェックする
オブラドール　→ コンピュータ上の在庫品番を変更

ミス 商品種類別パレート図
―2011 年 1 月～ 2 月 18 日

ミス 要因別パレート図
―2011 年 1 月～ 2 月 18 日

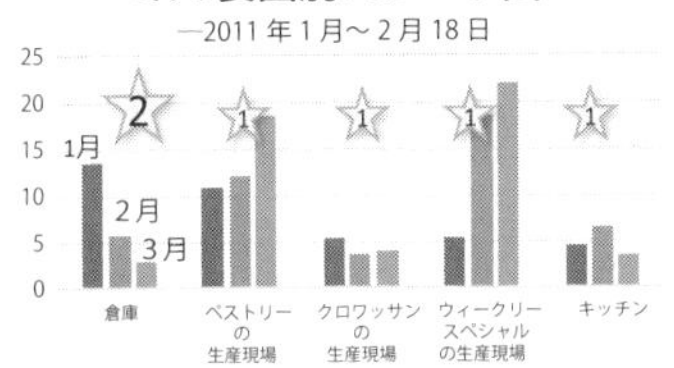

④ 実行計画

項目	責任者	いつ	OK	Non-OK
ヴァロンラット　倉庫の 5S	アグスティン・テナ	2011/2/21		
配送のたびに毎回全オーダーをチェックする	ジョエル	2011/2/21		
配送の波・重なりを変更する	アグスティン・テナ	2011/3/8		
サプライヤーの変更（パスカル+キャンポフリオ）	アグスティン・テナ	2011/3/8		
コンピュータ上の在庫品番を変更	アグスティン・テナ	2011/3/15		
ミスの流出をゼロにする（当面の対策として）	ジョセフ	2011/3/15		
ミルクランの確立	ジョセフ	2011/3/15		
Excel シートに箱の数を追加	ジョセフ	2011/3/15		

⑤ フォローアップと次のステップ

	1 月（現状）	ターゲット	2011 年 3 月	2011 年 5 月
平均リワーク件数／日	5.3	3	0	2
最大リワーク件数／日	8			

辛くないリーン

リーン・シンキングのすばらしさは間違いありません。365カフェの急成長はリーンのおかげです。そうは言っても、現実の壁が立ちはだかることは一度ならずありました。店舗スタッフたちにとってリーン・シンキングがまだ腑に落ちていない頃のことですが、エミが「もう限界」といった調子で、「ウチの子たちに笑顔を取り戻させるか、リーンを放り出すか、どっちかにして！」と言ってきたのです。

これは私への、すばらしい目覚ましコールでした。人々が本当に必要としているものを見失ってはならないこと、新たな状況（リーン）に慣れてもらうには、ときに時間が必要なことを思い起こさせてくれたのです。私には、リーンの原則は最初から完璧に意味を成すものでしたが、誰にとってもそうだとは限りません。

リーン・シンキングは、ややもすると非常に押しつけがましいやり方で適用されることがあります。しかし、気づいてほしいのは、「おいしくて健康に良いジュースであっても、飲み過ぎたらどうなるか？」ということです。すぐに具合が悪くなるでしょう。あなたがリーン・プロセス改善に強い情熱を持っていたとしても、その考えを人々に喉元いっぱいまで押し込むようになったら逆効果です。

リーンの旅は、CEOから第一線の従業員まで、誰もが「適切なペース」で進まなければなりません。結局のところ、リーンの旅とは学びのプロセスなのです。血の通った有機的な進め方で変化を起こし、社員たちと力を合わせていけば、どんなことでも達成できるはずです。

「注意深くあるべし」とは、従業員に対してだけではありません。非常によくできた、効率の良いプロセスを持てたとしても、お客様がアンハッピーだったら、あなたが取り組んでいるリーン・プロセス改善はまるで意味を成しません。私たちは、新モデルの店でその「味」を経験しました。通りから見える店頭でパン職人が「ライブ」でつくるパンの味と言ってもよいでしょう。機器をある方法で並べると、パン職人の作業がやりやすくなって、「機器類がパン職人のために働いている[4]」状態になります。私たちは流れが良くなるように機器を並べますが、このことは最適なプロセスをつくっていく上で欠かせません。一方、お客様から見ると、別の方法で機器を並べた方が、パンをこねているところがよく見えて好ましい。どうすべきでしょうか？　すべてはバランスの問題です。何事もお客様にとっての価値は何か、というところから始まるのであり、論理的に最適なプロセスから始まるのではありません。

365カフェのカルチャー ～実践の極み

強い基盤（カルチャー）と良いレンガ（ツール）があれば、望むままに何階建ての家でも建てられるでしょう。ツールはリーンが与えてくれます。リーン・シンキングの手法体系は、この10年の365カフェの成長の糧でした。これからも市場は変化を続け、私たちはさまざまな困難に出会うでしょうが、それに適応していけるだけの能力をリーンは与えてくれました。

365カフェがやっていることのすべてが「純粋なリーン」であるか否かは、私にはわかりません。いずれにせよ、いつもやっているわけですが、これも突き詰めれば1つの「実験」に過ぎません。何か新しいこと、それまでとは違うことをやってみるとき、あらかじめ考えをよく練り、筋を読んでおけば間違うことはありません。これはどういう意味かと言うと、

4　機器類がパン職人のために働いている：人と機械のセッティングの望ましい姿。「人が機械のために働いている＝人が機械の僕になっている⇒人の手待ちや動作のムダが多くなる」状態から「機械が人に合わせて働いている＝人の付加価値作業の密度が上がる」状態に変えていくこと。

ツールや原則がどんなものであれ、それを使うなら、自分たちの本当のニーズに合致するように使わなければならないということです。

私たちがリーンのすべてのツールをいつも使っているのかと言えば、必ずしもそうではありません。しかし、自分たちの歩みを一歩ずつ導いてくれる基盤的カルチャーを築いてきたと自負しています。ツールをたくさん覚えることもときに必要ですが、ある程度身についたら十分でしょう。最も大切なのは、自分自身がリーンの原則を深く理解していることです。

リーン・カンパニーの進む道がいろいろとある中でも、365カフェの歩みはかなり本流に反しているように見えるでしょう。もしも今日、あなたがウチの工場へいらしたら、最初は「リーンな工場と聞いて来たのに、どうも様子が違う……」と感じるかもしれません。フロアはぎゅうぎゅう詰めで見通しが悪く、至るところに仕掛品があります。見学者には、現場へ入ってもらう前にあらかじめ「どうか見た目だけで即断しないでください。私たちの現場がどのように機能しているのかをお見せしたいのです」と言わなければならないほどです。

トヨタの工場のようにビジュアルで整頓されていたらすばらしいですが、ウチの現場はそういうふうには見えません。しかし、1時間に1回の清掃でクリーンな状態を保ち、あらゆることに標準を定めています。従業員は全員、自分がやっている仕事をよく理解しており、どのタスクをいつどこでやるかもすべて決められています。

空間と機械のほとんどは、一日の中でも時間帯によってさまざまな用途に使われます。これまでに築いてきた高効率で有効なこのシステムこそ、私たちの改善カルチャーの証です。このカルチャーの中で私たちは生き、呼吸してきました。私たちにとって、どんなときもぶれることなく焦点を合わせていくべきは、お客様にずっと価値を提供し続けることです。新タイプのパンを開発するときであれ、全店舗を改装するとき（2013年に実施）であれ、私たちの焦点は常にそこにあります。

365カフェのトランスフォーメーションを主導する最も重要な考え方を5つ挙げろと言われたら、次のようになると確信しています。

①カスタマー・フォーカス

お客様の立場から見て意味のないことであるなら、おそらく私たちはそれをやるべきではない

②データに基づく意思決定

数字に議論の余地はない

③問題解決とコミュニケーション

問題を提起せず、議論しないことに対して言い訳はできない

④社員の主体的参画

リーダーとしての私たちの役割は、社員が自分の仕事をもっとうまくやれるように助けていくこと

⑤実験

ものごとはいずれも改善可能であり、間違いはもっとよいやり方を見つける機会である

カスタマー・フォーカス（すべてはお客様のために）

お客様の声を聴く方法はたくさんあるでしょう。365カフェでは、「お客様の声を聴く」とは、お客様と良い関係を築くこと、お客様を知ろうと努めること（多くの場合、お名前まで知っています）を意味します。また、新商品試食会への招待や店舗への提案ボックス設置もお客様の声を聴く機会です。しかし、私たちが特に大切にしているのは、どんなときもお客様にとって価値あるもの・ことのみが創造され、価値のないものが創造されないように努めることです。お客様に近づけば近づくほど、私たちが次に何をすべきかについて多くのことを学べます。

エミはこれを、次のように言います。

私たちは、お客様の五感すべてに訴求していく必要があります。店舗は見栄え良く（視覚）、パンの良い香りが通りにまで広がるように（臭覚）、パン職人が立てる音やミキシング・マシンの音がお客様の耳に届くように（聴覚）して、パンをおいしく召し上がっていただく（味覚）よう努めていかねばなりません。

お客様はお金を払ってからでないと、そのパンの味を知ることができません。ですから、お客様が実際に買う前から、まさしくお客様が求めているもの（価値）を確実に提供できるようにしておかなければなりません。スーパーマーケットからガソリンスタンドまで、どこでもパンを売っている昨今であればこそ、私たちはこのことを胸に刻み込む必要があるのです。

データに基づく意思決定

私たちは数値に大いなる信頼を置いています。会社の業績評価に必要というだけでなく、良い目標を設定し、実績を見ていくためにも数値は欠かせません。

データと事実が私たちの意思決定プロセスを後押しします。たとえば、改善活動の結果、今はこの仕事を3人でやっているけれど、2人でもっとうまくやれるとわかったとしましょう。この3人に向かって「この中の1人に、別の職場へ行ってもらいます」といきなり告げたら、その瞬間から彼らは「できない理由」をいくつも探し始めます。しかし、数値とターゲットを使ってこの変更を説明すれば、なぜ3人目が要らないのか、どうすれば2人でうまくやれるようになるか、彼らはすぐに理解してくれます。

そして、「みなさんのターゲットは、これをたくさん売ることです。あなたは午前中にすでによくやってくれました。午後はあなたの同僚が同じことをします」と告げます。事実は議論の余地のないものです。こうなれば当然ですが、彼らは配置換えを受け容れ、移っていきます。

問題解決とコミュニケーション

問題を解決したいなら、コミュニケーションを良くするための仕組みが欠かせません。何かを改善するのにも、新商品を出すのにも同じことが言えます。

私たちがつくってきたマネジメント構造においては、情報は階層を貫いてすばやく伝わり、工場でも店舗でも人々の間で頻繁かつ率直な対話が交わされます。コミュニケーションは私たちの働き方の中に自ずと包含され、仕事の一部になっています。

ミスや失敗をしても大丈夫。そこからたくさん学べるよう、努めてきました。このためには、管理者の役割をはっきりさせ、彼らの能力を高めることが欠かせません。私たちはこの面でも励んでいます。ウナイ、あるいは店舗のスーパーバイザーの１人がチームと一緒に問題を議論する際、私たちはチーム・メンバーの意見が浮かび上がってくるように努めます。こうしてチームワークのカルチャーを育み、信頼を醸成していくのですが、これが回りまわって、社員たちが自ら改善案を考え出してうまくやり遂げ、さらに改善した後を振り返って本質を理解するのを励ますことにもつながります。

社員の主体的参画

安全・安心な環境で働いていると社員が実感できないうちは、社員の主体的参画を求めてもうまくいきません。人は、問題を提起すれば嫌がらせを受けるのではないか、黙っていろと叱られるのではないか、何かを改善しようとしても馬鹿にされるだけではないかという不安を持っています。ですから、「ここでは嫌がらせも叱責も嘲りもなく、問題を提起し、改善することができる」ということを、社員によく理解してもらう必要があります。安全・安心を実感すればするほど、社員たちはあなたを信じ、あなたがやりたい改善を支持してくれるようになります。

言うまでもありませんが、改善の結果、レイオフに至るなどということは決してあってはなりません。3人でやっている仕事が2人でやれるとわかったからと言って、1人解雇したら何が起こるか。再び機会が巡って来てリーンをやろうとしても、「No!」の大合唱で迎えられるだけです。

生産性を上げる方法を見つけたとしても、決して解雇につなげてはいません。その代わり、生産性向上で新たに生まれたリソースをどこか別のところで活かすのです。別の職場で付加価値をつける仕事をしてもらえるよう努めましょう。私たちは、配置換えをする社員に対して、それまでよりも高い目標を与えるようにしています。たとえば、困っている店を支援すること、お客様に価値を届けるより良い方法を考えるなどです。

壮大な実験

私はいつも「人が後悔してよいのは1つだけ、やってみないことだ」と言います。ほとんどの場合、3カ月費やして考えるより、アイデアを試して失敗する方が安いことを私は経験を通して知りました。365カフェでは常に実験を行っています。私たちは、新しいことをやってみるのは、唯一ではないかもしれませんが、学びの最善の方法であると強く信じています。

たとえば、最近、フィゲレスの街に店をオープンさせました。バルセロナから150kmの距離にあります。ずいぶんお金がかかっていますが、私たちはたくさんのことを学んでいます。フィゲレスの店がうまくいき、この店に供給するためにつくり込んだシステムがきちんと機能するようになれば、150km圏内にもっと店を出せるとわかるでしょう。この実験は、何度も回すPDCAサイクルがじわじわと私たちを行きたい場所へ近づけてくれているようなもので、成長の新たな道を模索する私たちの大きな助けになっています。

私たちのカルチャーの枠組みが、私たちを強靭にしてくれたのです。生き残りに足る強さを超えて、2008年の世界金融危機という最悪の時期にも私たちは成長していました。

2008年は私が創業家として経験した2つ目の危機です。2つの危機は同じような結末を迎えていてもおかしくありませんでした。1992年の危機は、家族でやっていたベーカリーの破綻という結果に終わりました。しかし、それはほぼ自分たちのせいだったと今ならわかります。私たちは心血を注いで家業の発展に励みましたが、その一方で、自らのプロセスとコストを全面的にコントロールする力を持っていませんでした。だから、ついには店を畳むに至ったのです。

これとは逆に、2008年には生き残っただけでなく、新たに6つの店をオープンさせました。危機に直面した私たちですが、要らないものを徹底して取り除くという武器の威力をよくわかっていました。今回はプロセスをしっかりコントロールしていたし、自分たちが何をしているかも知っていました。マーケットが動揺し、売上が落ちてきたら、すばやい意思決定が不可欠です。そして、変化に敏感に対応するために必要なツールなら、リーンがすべて与えてくれます。

変化する状況に適応し、さらに成長していくためには、フレキシビリティが必要です。リーン・シンキングは、そのフレキシビリティを私たちに与えてくれます。標準を定め、それを改訂し続けることを通して、私たちは自らのプロセスをコントロールする力を獲得していきますが、これを導いてくれるのもリーンです。自分たちはしっかり管理された状態にあると店の従業員たちが理解しているなら、どんな状況に遭遇しても冷静かつ効果的に臨めるはずです。そして、私たち全員が知っている通り、お客様がハッピーであればあるほど、良いお客様になっていただけます。

第6章

365カフェはどのように実験を行っているか？

ここで、365カフェの実験と問題解決がどのようなものか、1つの例を挙げて紹介しましょう。この例は2つの表の形に記録されています。下記と116, 117ページを参照してください。

1. 背景

パン工房のキャパシティ不足と、冷凍庫に長く保管し過ぎて製品が傷んでしまうことに起因する大量の廃棄ロス

2. 当初の状況

生産は、「まとめてつくれば安くなる」という規模の経済の考え方に従って、週次バッチ（種類ごとに1週間分まとめてつくる）で行われている。
冷凍庫が常に満杯である一方、フォーキャストはまったく当てにならず、どれだけつくる必要があるかという現実にマッチしていない。
製品トレーサビリティは私たちにとってビッグ・チャレンジ（すなわち、非常に困難な課題）

3. めざす姿

必要な分だけを毎日つくる。

4. プラン

量と種類を均してつくる生産計画を立てるとともに、生産計画の立て方と運営の仕方を標準化する。
バッチサイズを極限まで小さくする。

5. フォローアップ

PDCAを回しながらバッチサイズをだんだん小さくしていって、適正なバッチサイズに到達する。
不要な冷凍庫を見極める。

PDCAサイクル記録帳

ラウンド（初期状態）	あなたのアイデア	やったこと
第1ラウンド	生産を制限して、翌日必要な分だけにする	パン職人たちに「明日必要な分だけつくってほしい」と頼んだ
第2ラウンド	生産を制限して、翌日必要な分だけにする	日当たり所要をつくるのに必要な台車だけを残し、それ以外は全部撤去した
第3ラウンド	パン工房の中の流れを良くする	床にペンキで線を引いた「流れに従って仕事をすること」「次のステップに進む準備ができたら台車を引っ張って来ること」を社員たちに奨励した
第4ラウンド	付加価値をつけていない作業を取り除いて生産リードタイムを短縮する	冷凍庫を生産エリアから撤去した（バッチサイズが小さくなったため、要らなくなった）

	起きたこと	次はどうする？
	人々は恐れ、いつものやり方で仕事を続けた	人々が抵抗する理由を理解して、別のやり方の実験を考える
	日次生産はできるようになったが、まだ押し込みの意識が抜けず（台車1台ずつでは流してくれない）、他のタスクで手待ちが生じていた	余分な在庫はなくなったが、今のシステムのままでは流れをつくれない 新たな実験を考え出す必要あり
	今度はうまくいった。人々が「プル（引き取り方式）」でモノを動かし始めた	プロセスの中に、もはや不要となった部分があるとわかったので、今後の改善は不要な部分を省き、シンプルにすることに焦点を当てる
	ボトルネックをなくしてリードタイムを短縮し、パン工房のキャパシティに余裕を持たせることができた	バリュー・ストリーム・マップを描いて、継続的に改善していけるようにする

あなたの番です

ご自身の実験にトライしてみませんか。下記のテンプレートに書いてみることをお勧めします。120ページは「欠品ゼロの在庫削減」をテーマに

1. 背景

2. 当初の状況

した実験です。もちろん、ご自身が実験し、取り組んでいきたいテーマについて書いていただいても結構です。Bon profit!（カタルーニャ語で「どうぞお召し上がりください」）

3. めざす姿
4. プラン
5. フォローアップ

欠品ゼロの在庫削減

1週間分の在庫を7分割してください（休日があるなら6分割でも構いません）。それから、[計画上の所要]÷[実際に消費された量]の本当の比

ラウンド（初期状態）	あなたのアイデア	やったこと
第1ラウンド		
第2ラウンド		
第3ラウンド		

率をよく研究することを通して、在庫を減らしつつフレキシビリティを高め、製品の鮮度を良くするための実験をやってみてください。

	起きたこと	次はどうする？

むすび

リーンの旅に終わりはありません。その旅は、思ってもみなかった場所へあなたを連れて行ってくれるでしょう。旅の道程は驚きに満ちています。旅するあなたは実にさまざまなことを発見し何度もびっくりしますが、そういったあれこれもみな、この旅があなた自身の発見をずっと助けてくれてのことです。

365カフェにおける私たちのリーンの旅にも終わりはありませんが、旅の始まりなら非常にはっきりしています。この道を歩み始めようという決断は、1つには私が抱いていた不安の結果であり、また、うまい経営のためのしっかりした構造や仕組みの欠落を痛感したからでもありました。

創業間もない365カフェのまずまずの業績とは裏腹に、私は、かつて自ら間違ったことをやってしまって何年も苦しんだ経験から、心の内にいつも不安を抱えていました。その一方で、しっかりした仕組みの欠落は、それまでの私たちのビジネスのやり方を特徴づけるものだったのです。

本書の冒頭で述べたように、困難な状況に対しては、適切なツールを手にして向き合うことが大切です。残念なことに自社の業績が悪かったり、困難に直面して困っているシニア・マネージャーの多くは、今なお部下や他部門の誰かのせいにして、もっと頑張って働きなさいと部下に言い、自分たちにとって都合の良い弥縫策で済ませようとします。彼らがなすべきは、そういうことではないのです。そんなことをする代わりに、人々とともに現場で、自分たちのやり方のどこがどれだけ良くないかを理解し、悪いところを直していくことにしっかりと焦点を当てなければなりません。

人々に成長してもらいたい、活躍してもらいたいと考えるなら、それができる「システム」の中で働いてもらえるようにしなければなりません。

人々が自ら問題を顕在化させ、解決し、自分たちの仕事のやり方をより良くして、仲間と一緒に価値創造に励めるよう励ましていく「システム」が要るのです。これを言うのは簡単ですが、やるのは難しい。私は長い間、自分自身が懸命に頑張れば事業の成功につながると思っていましたが、それは間違った考えだったのです。なんとナイーブであったことか！

365カフェの私たちも含め、幸運にもリーン・シンキングに出会えた人々にとって何よりなのは、希望を持てることでしょう。リーンの考え方と手法の体系は、人の知恵を引き出し、仕事のやり方をより良くしていくことを通して、ムダをお客様にとっての価値へと転換させるための洞察に富んだ方法を与えてくれます。しかし、一方で、私たちが容易に陥る誤りに注意しなければなりません。それは、リーンをレシピのようなものと勘違いし、「この通りにやれば自分たちは次のトヨタになれる」と考えてしまうことです。当然ですが、そういうものではありません。

「リーン・シンキング」は、うまい経営のための、従来とは違うアプローチを提供してくれますが、その原理・原則をよく理解し、それぞれの環境に合わせてうまく適用していかなければなりません。言うのは簡単ですが、実行は難しいものです。

何度もやってみたのにうまくいかないということもあるでしょう。それでも、「できた！」とか、「これがトヨタ式バゲットです」というようなことは、なるべく言わない方がよろしいでしょう。私たちはこのような認識とはまったく違う見方をします。「私たちは始終たくさんの間違いをしている」と見ているのです。何しろ先に述べた通り、365カフェを訪れる外部の人たちから「ずいぶん変わった」「良くなった」と指摘されて、自分たちがやってきたことに改めて気づき、本書につながったような次第です。

私たち経営陣と管理者は、「失敗は奨励されるべき。改善は失敗から生まれるのだから」という考えを365カフェの中に築きたいと考え、努めてきました。失敗のせいで会社がつぶれたら困りますが、そうならぬよう担保する限りにおいて、私たちは「失敗をあえて内包する」ことを学ばねばならないのです。

ジェームス・ウォマック博士のプラネット・リーン（PlanetLean.org）への寄稿から引用して言うなら、これは、「実験は有限の範囲の中で行われ、自分たちの狙う姿が実際に機能するか否か、自分たちの組織にとって有益か否かへの答えをすぐに与えてくれるもの」であり、そうなるように実験を行っていくという意味です。

実験は、リーンが私たちに教えてくれたものの中で、最も重要な実践のやり方であると私は確信しています。読者のみなさんにとっても、本書から得られる最も重要なものはおそらく実験でしょう。新製品を出すとき、工場のレイアウトを変えるとき、生産システムを変えるとき、さらには、新タイプの店をオープンさせる際の実験は他のケースよりも大規模になりますが、そのような場合も含め、常に私たちがやろうとするのは、自らの仮説を検証し、事業を伸ばしていくのに必要な知識を段階的に蓄積していくことです。

リーン・シンキングは、小さな変化を積み重ねて体系的な変化に結実させるよう努めていかねばならない、と私たちを啓発します。もしかしたら私たちは、その「体系的な変化」に決してたどり着けないかもしれませんが、たとえそうであったとしても、めざしていきましょうと誘（いざな）います。私たちを取り巻く世界は常に変化しており、競争に伍していくには、その方法を組織として学んでいかねばなりません。新しいことに挑まなければ、イノベーションは起こせません。ですから、できるだけたくさん実験をやってみることです。失敗を恐れる必要はありませんが、そこから学びを確実に得られるようにすることがとても大切です。

本書を通して、リーンの実験がいかに役に立ち、パワフルであるかをお伝えし、読者のみなさんご自身の実践を励ますことができたなら、とてもうれしく思います。ソフト開発から自動車製造、看護・介助など、みなさんがどのようなビジネスに携わっていたとしても、実験はみなさん自身のリーン・トランスフォーメーションが活力に富み、より良くなっていく象徴です。まさに「実験なきところに改善なし」――小麦粉がなければパンをつくれないのと同じです。

著者について

ファン・アントニオ・テナ　Juan Antonio Tena

バルセロナに約100店舗のカフェ、ベーカリーを構える365カフェ・チェーンのCEO（最高経営責任者）。

さまざまな産業で働いた経験を持つ。バルセロナの自動車メーカーSEATでフライス盤加工の作業員として長年働いた後、兄弟とともに運送業を経営。その間も、心はカフェとパンづくりにあった。2000年に妻エミと365カフェを創業。2004年に書籍「リーン・シンキング」を読んで「リーンの旅」に踏み出し、組織そのものも、自身の経営のやり方も一新させた。

IESE（Instituto de Estudios Superiores de la Empresa）ビジネススクールにて経営学修士号取得。

エミ・カストロ　Emi Castro

バルセロナに約100店舗のカフェ、ベーカリーを構える365カフェ・チェーンのリテイル責任者（販売担当役員）。

彼女の最初の仕事は15歳のとき。毎週末、果実店で働くうちに、モノを売ること、お客様に接することへの自身の情熱に気づいた。25歳のときに社会学の学位を取得したが、これは人を理解し、より良い接し方をする自身の能力を高めるためであった。2000年に夫ファン・アントニオとともに365カフェを創業。現在、店舗ネットワークの経営責任を担う。リーン・シンキングを365カフェのリテイル部門へ持ち込むのに大いに貢献してきた。

原書発行元であるリーンの研究組織について

Lean Enterprise Institute（米国）

LEI（Lean Enterprise Institute）は、教育、出版、経営研究を行う非営利組織。1997年にリーン・マネジメントの専門家、ジェームス・ウォマック博士によって創立された。LEIのミッションは、製造業からサービス業に至る広範な分野で働く人々にリーンの考え方と実践のやり方を知ってもらい、自ら挑み、リーンな企業へ変わろうとしている組織を助けることである。LEIの書籍、オンライン製品、ワークショップは、リーンの原則と方法論を提供するもので、リーンな組織を創出し、より良くしていく上で不可欠な行動の仕方を、リーンを率いる人々が自ら育むのを助けている。年次開催のLEIサミットではリーン・ブレークスルー実現プロセスにおける組織のあり方に焦点を当て、さまざまな事例を紹介。LEIは、リーン・グローバル・ネットワークの一員でもある。

ウェブサイト：https://www.lean.org/

Instituto Lean Management（スペイン）

ILM（Instituto Lean Management）は、スペイン、カタルーニャ地方バルセロナに拠点を置く非営利組織。リーン・シンキングの実務者、研究者のグループによって設立された。ILMのミッションは、会議、出版、ワークショップ型研修を通して、産業のあらゆる分野と企業のすべての機能分野へ、リーン・マネジメントの考え方と実践を広めることである。研究ベースでともに学ぶリーンのプロジェクトも実施している。ILMはリーン・グローバル・ネットワークの一員でもある。

ウェブサイト：http://www.institutolean.org/

訳者あとがき

原書「ザ・リーン・ベーカリー」はアメリカのリーン・エンタープライズ・インスティチュート（LEI）の「先学者に続け（Follow the Leaner）」シリーズの一冊として2017年9月に刊行されました。このシリーズには「ザ・リーン・デンティスト（リーンな歯医者さん）」という書籍もあります。

一般に「リーンと言えば製造業」というイメージを持たれがちですが、ベーカリーや歯医者さんといった「新分野」の改善の物語からは、新たな可能性を見出すことができると思うのです。原書を初めて見たとき、シンプルな語り口ながら、本物の実践の積み重ねが行間から滲み出る素敵な物語と感じました。

1980年代の日米欧亜の自動車産業の国際的な比較研究の中で「トヨタのやり方」が際立っていることが明らかになり、アメリカの研究者がそれに「リーン」という名前をつけました。名づけ親のジョン・クラフシク氏は当時「彼ら（トヨタの人たち）は、あらゆることにおいて、常に、より少ないインプットで、より多くの、あるいはより価値の高いアウトプットを得ようとする。その考え方と行動の仕方をリーンと呼びたい」と言っていたそうです。訳者は1980年代の終わりにトヨタ生産方式（TPS）に出会い、「こんなにすごいものがどうして生まれてきたのか？」「これからどうなっていくのか？」を追いかけてきました。

爾来およそ30年、今では、バリュー・ストリーム・マッピング、本物の流れづくり（流れ化）、平準化、構内物流、ロジスティクス、問題解決まで、主な教科書は欧米亜のどの国でも比較的容易に手に入るようになりました。これだけでも驚くような広がりぶりです。

この間、トヨタのビジネスが世界的な規模で急拡大したことも、これほど多くの国で「リーン」に注目が集まる大きな理由になったと思います。トヨタ史上最大の危機と言われた大規模リコール問題もありましたが、それを乗り越えようとするトヨタの姿勢からさえ、多くの人が貴重な学びを得ました。世界の「トヨタ熱」はさらに続き、日本が「失われた30年」と言っている間に、他国では研究も実践もずいぶんと進んだように思います。特に、医療とサービス業においてすばらしい事例がたくさん生まれています。広がりという意味でも、実践の深さという意味でも、うらやましくなるような進み具合です。

ひと通りの教科書が揃った今日に至って刊行された「先学者に続け」シリーズは、薄くシンプルなつくりで、ベーカリー・カフェ、歯医者さんといった「製造業以外の分野」のリーンの先輩たちが自ら執筆しています。「先輩たちのたどった旅路の物語を通して、それぞれの分野で改善を続ける旅人たちを励ましたい。それを小さな、読みやすい本の形で届けたい」というのがこのシリーズの意図でしょう。LEI創設者のウォマック博士の「リーンの旅路を行く人に一番役に立つのは、単に励ますことだ」という言葉の通り、日本の読者のみなさんにとっても温かい励ましになるよう願っています。

著者夫妻のファン・アントニオ・テナ氏とエミ・カストロ氏は「何事もシンプルに考え、シンプルに行動することを大切にしよう」と常々言っており、本書もその信念に沿って非常にあっさりと書かれています。しかし、ある日突然、「今日から、『明日売れる分だけ』の全種類のパンをつくってくれ」と言い、それがうまくいってきたら今度は「明日売れる分のパンができたら家に帰ってくれ」です。そして、それができてしまう。さらに、「店舗スタッフのやる気を削がない進め方」を自分たちで工夫して、店舗の仕事のやり方を現地・現物で良くしていく。日本語由来の改善の専門用語を「バッド・ワード」と呼んで使わないよう努める。これも、借り物の改善手法に飛びつくのではなく、自分たちの考えで理解を深めていくためにあえてそうしているというのです。

店舗の通常のサービスと調理の仕事のみならず、「お客様の財布がなくなったとき」の標準手順まであるというのですから驚きます（非定常な出来事が起きたときも、スタッフが落ち着いて働けるようにするため）。いずれも、あっさりした文章の背後で、どれだけ努力したかに思いを巡らせば驚嘆するほかありません。巻末の実践振り返りシートを見ると、その努力の軌跡の一端がうかがえます。

ある夜、365カフェの工場は警官隊に囲まれ、家宅捜索を受けます。ライバルが「こんな小さなパン工場で、あんなにたくさんのパンを焼けるはずがない。秘密の地下工場で不法移民に奴隷労働をさせて、パンを焼いているに違いない」と密告したようです。もちろん地下室もないし不法移民もいないのですが、スペインのベーカリー・ビジネスの常識を超える生産性を実現していた証と言えるでしょう。

フード・ビジネスでは、セントラル・キッチン方式で効率を上げようとするのが一般的なやり方になっています。ところがテナ夫妻は現在、「カフェの店先で小麦粉からパンをつくる」に挑戦中です。ここには「焼き立ての方がおいしい」というお客様第一の考えがあります。

店で小麦粉からつくるなら、「パイ生地を1kgだけほしい」といった個々のお客様の特別なニーズに応えることもできる。セントラル・キッチン方式ならば、遠くの街や海外に出店しようとすれば、地域ごとにキッチン（工場）を建てる必要がありますが、「店舗で小麦粉からパンをつくる」ならセントラル・キッチンは要りません。警官隊に踏み込まれるほど高い生産性の工場を実現したにもかかわらず、その成功にこだわることなく、リーンの考え方を活かしてさらに成長するために「店舗で小麦粉からパンをつくる」大変身に挑むという著者夫妻の素敵な旅に、これからも注目していきたいと考えています。

本書には書かれていませんが、現在、365カフェの人々は、大西洋の向こう岸にあるボストンの「リーガル・シーフード」（水産物加工とレストラン経営の会社）と協力して、合同実践会をやっています。まさに「よい仲間、よい改善」と言えるでしょう。「シャイな日本人」の私たちは、非常にオープンで前向きな彼らの活動から、学べることがたくさんあるように思います。

訳者にとって、製造業ではない分野の本に関わるのは初めての経験でした。日本語版の刊行に際して日刊工業新聞社の矢島俊克氏に大いにご尽力いただきました。また、これまでと同じように、PECの山田日登志先生から温かい励ましをいただきました。最初に訳出を勧めてくれたのはLEI会長のJohn Shook氏です。翻訳の過程で、内容に関する訳者からの質問にShook氏が解説を加えて365カフェのみなさんに伝えてくれたことによって、365のご担当者からより正確な回答をいただいた上で訳出することができました。この場をお借りしてお力添えいただいた皆様に深く御礼申し上げます。

成沢 俊子

索引

〈訳者〉
成沢 俊子（なるさわ としこ）
NEC、金融庁を経て、PEC産業教育センターにて改善を研究。トヨタ生産方式が世界へ伝播していく足跡を追いかけながら、トヨタ式「仕事のやり方」のルーツの探求と発展過程の研究を続ける。「モノと情報の流れ図（VSM）」をはじめ、Lean Enterprise Instituteのワークブックシリーズの翻訳者でもある。現在、ピーキューブ㈱代表取締役社長。

バルセロナのパン屋にできた
リーン現場改革 NDC509.6

2019年3月25日　初版1刷発行　定価はカバーに表示されております。

著　者　ファン・アントニオ・テナ
　　　　エミ・カストロ
©訳　者　成沢俊子
発行者　井水治博
発行所　日刊工業新聞社

〒103-8548　東京都中央区日本橋小網町14-1
電話　書籍編集部　03-5644-7490
　　　販売・管理部　03-5644-7410
　　　FAX　03-5644-7400
振替口座　00190-2-186076
URL　http://pub.nikkan.co.jp/
email　info@media.nikkan.co.jp

印刷・製本　新日本印刷

落丁・乱丁本はお取り替えいたします。　2019　Printed in Japan
ISBN 978-4-526-07962-7　C3034